Lehmanns FACTs!
Physiologie

Dr. Martin H. Maurer

Illustrationen von
Markus M. Voll

mit 77 Grafiken und 27 Tabellen

2., korrigierte Auflage

© KVM – Der Medizinverlag Dr. Kolster Verlags-GmbH, Berlin,
ein Unternehmen der Quintessenz-Verlagsgruppe
2., korrigierte Auflage 2012

Anschrift des Autors:
Prof. Dr. med. Martin H. Maurer
Institut für Physiologie und Pathophysiologie
Universität Heidelberg
E-Mail: martin.maurer@alumni.uni-heidelberg.de

Anschrift des Illustrators:
Markus M. Voll
Schloss Weyhern
Weyhern 5
82281 Egenhofen

Hergestellt für Lehmanns Media GmbH

Gesamtherstellung: © KVM – Der Medizinverlag, Berlin
Redaktion: Silke Jäger, Sylvia Malarczuk, Marburg
Satz und Layout: Sylvia Malarczuk, Julian Müller, Marburg
Covergestaltung: GILBERG Marketing & Kommunikation, Wermelskirchen
Grafiken: Markus M. Voll, Egenhofen
Druck: Bosch-Druck GmbH, Landshut

Printed in Germany
ISBN: 978-3-86541-450-2

Inhaltsverzeichnis

Aus dem Vorwort zur 1. Auflage

FACTs! Physiologie ist als Kompendium und Repetitorium der medizinischen Physiologie konzipiert. Im Zuge der Reformen der Approbationsordnung ist der zu vermittelnde Stoff eher angewachsen, so dass es für Studierende immer schwieriger wird, relevante Sachverhalte zu identifizieren. Dabei wollen wir helfen.

Bewusst haben wir darauf verzichtet, ein weiteres Kurzlehrbuch oder einen zusätzlichen Taschenatlas zu den bereits vorhandenen hinzuzufügen und auch ein großes Lehrbuch können wir nicht ersetzen. Im Gegenteil, FACTs! Physiologie versteht sich als Ergänzung zu einem Lehrbuch und ist besonders nützlich, wenn Sie bereits Grundwissen aus Vorlesung, Seminar oder Praktikum erworben haben.

Der vorliegende Band schließt den vorklinischen Kreis der bereits erschienenen Bände FACTs! Anatomie und FACTs! Biochemie und soll Studierenden der Medizin und Zahnmedizin, Ärzten und Ärztinnen sowie Auszubildenden und in den Pflegeberufen Tätigen ein physiologisches Rüstzeug an die Hand geben.

Ich danke Herrn Dr. med. Bernard C. Kolster für seine Begeisterung für das Projekt, Markus M. Voll für die tatkräftige Hilfe beim Erstellen der Abbildungen und Frau Annette Felix, Lehmanns Fachbuchhandlung Heidelberg, für die Unterstützung. Ganz besonders danke ich Frau Irmgard Roth, Logopädin, für die Hilfe beim Erstellen des Manuskripts und die nötige Ermunterung zum „Dranbleiben".

Heidelberg, im September 2006   Martin H. Maurer

Vorwort zur 2. Auflage

Zahlreiche Leserzuschriften haben mich erreicht und ermuntert, eine zweite Auflage zu bearbeiten. Einige kleinere Fehler konnten korrigiert werden, Konzept und Ausstattung des Bandes blieben unverändert und garantieren die Kontinuität der Reihe.

Ich danke den Studierenden für die konstruktiven Zuschriften und das wohltuende Lob, den Kolleginnen und Kollegen für den guten Austausch sowie meinen Lektorinnen Frau Silke Jäger und Frau Sylvia Malarczuk für die hervorragende Zusammenarbeit. Ebenso danke ich Herrn Bernard C. Kolster für sein Vertrauen in den Erfolg einer zweiten Auflage.

Tübingen, im August 2011   Martin H. Maurer

1.1 Stofftransport durch biologische Membranen

Wichtige Grundlage vieler physiologischer Funktionen sind biologische Membranen. Sie dienen
▶ der Abgrenzung der Zelle und
▶ dem Transport von Stoffen über die Membran durch Regulation der Permeabilität.

Stoffe können mit Hilfe folgender Mechanismen durch die Membran treten:
1. passiv
▶ **Diffusion** (→ Abb. 1-1): entlang eines elektrochemischen Gradienten (Konzentrationsgradient, Spannungsgradient)
  • frei: Fick'sches Diffusionsgesetz:

$$\frac{dM \text{ bzw. } dV}{dt} = \frac{D \cdot F}{d} \cdot \Delta c = \frac{K \cdot F}{d} \cdot \Delta p$$

  dM: transportierte Masse; dV: transportiertes Volumen; dt: benötigte Zeit; D: Diffusionskoeffizient; F: Fläche; d: Schichtdicke; Δc: Konzentrationsdifferenz; K: Krogh'scher Diffusionskoeffizient; Δp: Partialdruckdifferenz
  • erleichtert: durch Carrier-Proteine, z. B. für Glukose
▶ **Osmose:** durch selektivpermeable Membranen (Konzentrationsgradient, Wasser wird bewegt, um Konzentrationsunterschiede auszugleichen). Ähnlich: „Solvent drag": Substanzen werden durch den Wasserstrom „mitgerissen".
▶ (Ultra-)**Filtration:** durch hydrostatische Kräfte (Druckgradient)
▶ Endozytose
2. aktiv (Antrieb: ATP-Spaltung, Transportrichtung: gegen Konzentrationsgradient, Beispiel: Na^+-K^+-ATPase)
▶ **primär-aktiv**
▶ **sekundär-aktiv** → vorgeschalteter primär-aktiver Transport
▶ **tertiär-aktiv** → vorgeschalteter sekundär-aktiver Transport

Transportvorgänge der erleichterten Diffusion und aktive Transportvorgänge werden über bestimmte Moleküle vermittelt. Es handelt sich entweder um Ionenkanäle oder Transportproteine. Man unterscheidet drei Arten von Transportern, je nach Richtung und Anzahl der transportierten Teilchen (→ Abb. 1-2):
1. Uniport: Erleichterte Diffusion
2. Symport: aktiver Transport
3. Antiport
Im Gegensatz zur einfachen Diffusion weisen proteinvermittelte Transportvorgänge folgende Charakteristika auf (→ Abb. 1-3):
▶ höhere Transportrate
▶ Sättigungskinetik (Michaelis-Menten-Gleichung) (→ FACTs! Biochemie)
▶ spezifischer Transport
▶ kompetitive Hemmung möglich (durch strukturverwandte Stoffe, z. B. das viel größere Rubidiumion blockiert den Kaliumkanal)
▶ manchmal nicht kompetitive oder allosterische Hemmung (durch nicht strukturverwandte Stoffe, z. B. Lokalanästhetika docken an den Natriumkanal und verhindern dessen Öffnung)

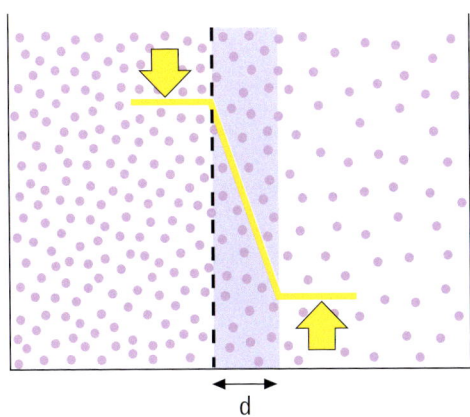

Abb. 1-1
Konzentrationsgradienten sind die treibende Kraft für viele passive Transportvorgänge.

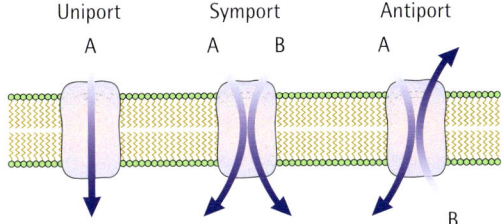

Abb. 1-2
Transportproteine vermitteln den Austausch von Teilchen über die Membran durch Uniport, Symport oder Antiport.

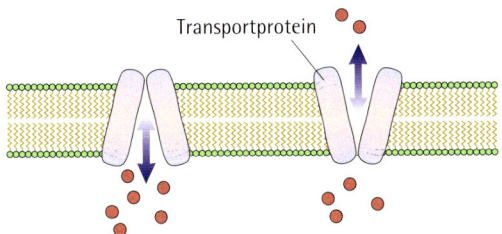

Abb. 1-3
Bei der erleichterten Diffusion werden Moleküle durch spezialisierte Proteine ohne Energieverbrauch entlang eines Konzentrationsgradienten auf die andere Membranseite transportiert.

1

1.2 Membranpotenzial

Eine Grundlage der Kommunikation zwischen Zellen bildet das Membranpotenzial. Diese Spannungsdifferenz zwischen Zellinnerem und -äußerem kommt durch eine ungleiche Verteilung von geladenen Teilchen (Ionen) auf beiden Seiten der Membran zustande (→ Abb. 1-4). Durch die Membraneigenschaften ist der freie Austausch zwischen beiden Seiten behindert, so dass das Ungleichgewicht bestehen bleibt. Folgende Ionenverteilungen gelten für den menschlichen Körper:

Tab. 1-1 Ionenverteilung

Ion	Extrazellulärraum (EZR) (mmol/l = mM)	Intrazellulärraum (IZR) (mmol/l = mM)
Na^+	140	12
K^+	4	155
Ca^{2+}	2,4	0,00012
Cl^-	103	3,8
HCO_3^-	24	8

1.2.1 Natrium-Kalium-ATPase

Das Membranpotenzial, das an Nerv und Muskel in Ruhe besteht, bezeichnet man als Ruhemembranpotenzial. Experimentelle Messungen zeigen, dass es ca. 70–90 mV negativ gegen die Außenflüssigkeit der Zelle ist.

Langfristig wird das Ruhemembranpotenzial durch die Natrium-Kalium-ATPase hergestellt, die einen aktiven Austauschmechanismus von drei Na^+-Ionen nach außen und zwei K^+-Ionen nach innen bewirkt (→ Abb. 1-4).
Dieser Pumpmechanismus kann gehemmt werden durch Stoffe, die
▶ die Energiebereitstellung der Zelle vermindern (O_2-Mangel),
▶ direkt die Pumpe hemmen (Digitalis-Glykoside) oder
▶ die Ionenkonzentrationen verändern (Diuretika).

! **Merke!** Die Natrium-Kalium-ATPase spielt für ein **einzelnes** Aktionspotenzial keine Rolle, da bei einem Aktionspotenzial nur wenige Ionen bewegt werden.

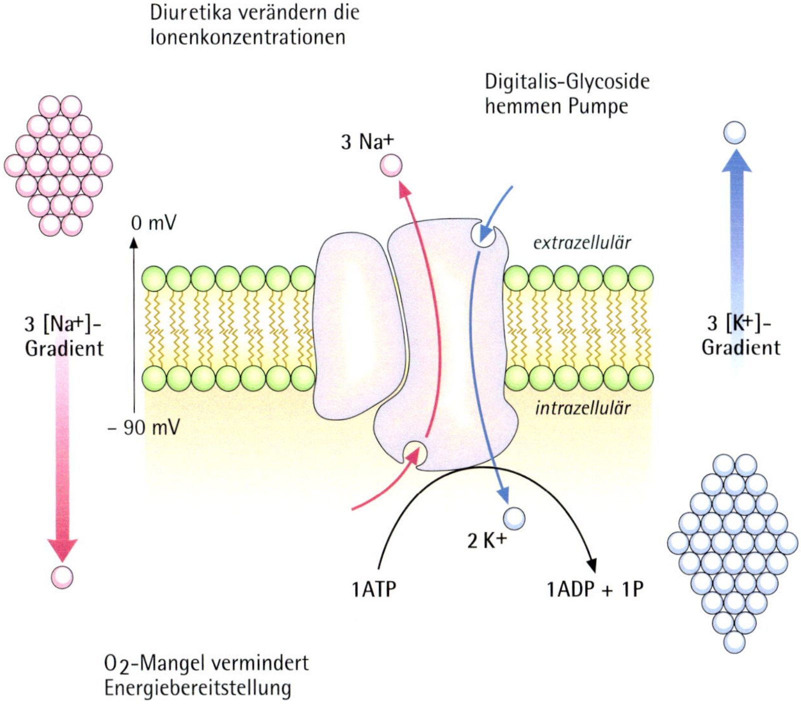

Diuretika verändern die
Ionenkonzentrationen

Digitalis-Glycoside
hemmen Pumpe

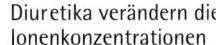

3 Na+

0 mV

extrazellulär

3 [Na+]-
Gradient

3 [K+]-
Gradient

– 90 mV

intrazellulär

2 K+

1ATP

1ADP + 1P

O$_2$-Mangel vermindert
Energiebereitstellung

Abb. 1–4
Die Na+-K+-ATPase erzeugt als elektrogene Pumpe (3 Na+ nach außen, 2 K+ nach innen) das Ruhemembranpotenzial.

1

1.2.2 Nernst–Gleichung

Die Nernst-Gleichung beschreibt, welches Membranpotenzial, d. h. welcher Spannungsunterschied, zwischen beiden Seiten der Membran durch eine einzelne Ionenart hervorgerufen werden kann (→ Abb. 1-5).

1. Durch Diffusion entsteht ein Konzentrationsgradient über der Membran und zwar gegen den osmotischen Gradienten. Die **osmotische Energie** errechnet sich als

$$E_{osmot} = R \cdot T \cdot \ln \frac{C1}{C2}$$

R = 8,31 J/(K • mol): universelle Gaskonstante; T: absolute Temperatur in K; C1, C2: Konzentrationen in mol/l

2. Durch die elektrische Ladung der Ionen ergibt sich auch ein Ladungsungleichgewicht. Es entsteht ein **elektrisches Feld** mit der Energie

$$E_{elektr} = z \cdot F \cdot U$$

z: Ladungszahl des jeweiligen Ions; F = 96.400 C/mol: Faraday-Konstante; U: Spannung über der Membran in V

3. Im Gleichgewichtszustand ist die osmotische Energie gleich der elektrischen Energie. Es folgt:

$$R \cdot T \cdot \ln \frac{C1}{C2} = z \cdot F \cdot U$$

Durch Umformen ergibt sich die **Nernst-Gleichung** für das Gleichgewichtspotenzial:

$$U = \frac{R \cdot T}{z \cdot F} \cdot \ln \frac{C1}{C2} = \text{ca. } 61 \cdot \log \frac{C1}{C2} \text{ mV}$$

4. Mit Hilfe der Nernst-Gleichung lässt sich für jedes Ion das Gleichgewichtspotenzial berechnen. Es beträgt -98 mV für K+, +63 mV für Na+ und -85 mV für Cl-. Durch Veränderung der Zusammensetzung der Ionen im Extrazellulärraum kann es zu Verschiebungen des Membranpotenzials kommen.

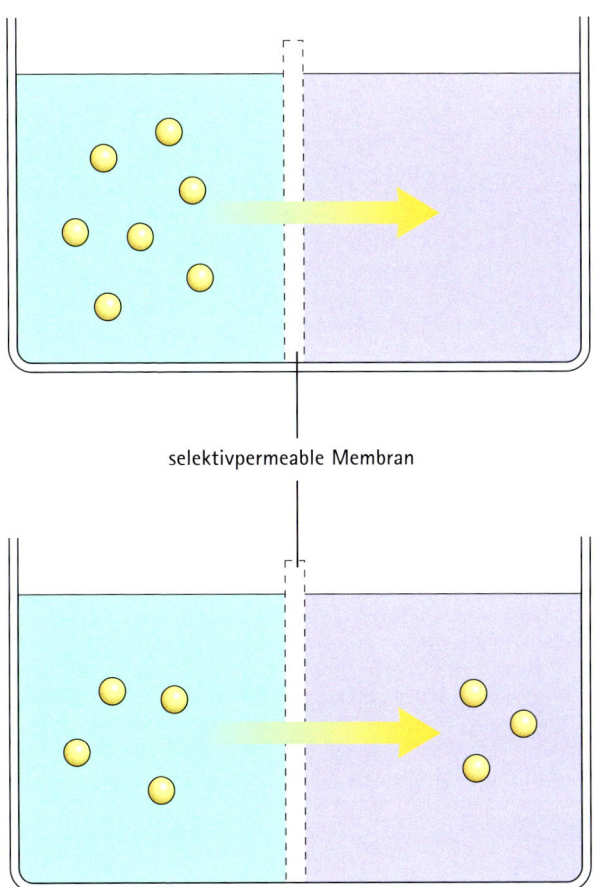

selektivpermeable Membran

Abb. 1-5
Die Nernst-Gleichung beschreibt das Membranpotenzial, das sich im Gleichgewichtszustand zwischen elektrischer und osmotischer Energie einstellt.

1

1.2.3 Goldmann-Hodgkin-Katz-Gleichung

Das Ruhemembranpotenzial ist ein **Mischpotenzial**, das sich aus den einzelnen Membran-potenzialen der verschiedenen Ionen zusammensetzt. Es ist jedoch nicht das arithmetische Mittel, weil die Membranpermeabilität für die einzelnen Ionen verschieden ist. Den unterschiedlichen Beitrag der verschiedenen Ionen für das Membranpotenzial berücksichtigt die Gleichung nach Goldmann, Hodgkin und Katz:

$$U_{Membran} = \frac{R \cdot T}{F} \cdot \ln \frac{P_{K+} \cdot [K^+]_a + P_{Na+} \cdot [Na^+]_a + P_{Cl-} \cdot [Cl^-]_i}{P_{K+} \cdot [K^+]_i + P_{Na+} \cdot [Na^+]_i + P_{Cl-} \cdot [Cl^-]_a} = ca. -90 \text{ mV}$$

Im Ruhezustand entspricht das Membranpotenzial also ungefähr dem Kaliumpotenzial (→ Abb. 1-6). Dies erklärt sich aus der relativen Undurchlässigkeit der Membran für Natrium- und Chloridionen in Ruhe, während für Kaliumionen eine gewisse, wenn auch geringe Permeabilität besteht.

! **Merke!** Das Ruhemembranpotenzial ist dem Kaliumpotenzial ähnlich.

1.2.4 Gibbs-Donnan-Gleichgewicht

Das Gibbs-Donnan-Gleichgewicht definiert das passive Verteilungsgleichgewicht von mem-brangängigen Ionen aufgrund einer ungleichen Verteilung nicht-membrangängiger geladener Moleküle in zwei Kompartimente.
Proteine etwa können nicht ohne weiteres durch eine selektivpermeable Membran wie die Zellmembran treten. Sie sind aufgrund der Struktur ihrer Seitenketten im Zellinnern negativ geladen (saurer pH-Bereich). Aus Gründen der Elektroneutralität muss ein Kation, in diesem Fall K^+, als Gegenion zu diesen negativen Ladungen agieren. Wenn sich nun auf einer Seite der selektivpermeablen Membran die negativ geladenen Proteine befinden, die nicht durch die Membran hindurch können, so verteilen sich die membrangängigen Ionen (K^+, Cl^- u. a.) entsprechend dem Gibbs-Donnan-Gleichgewicht. Dieses Verhalten reguliert das Zellvolumen.
Beispiel:

Tab. 1-2 Ionenverteilung im Ausgangszustand

Ionen	außen	innen
K^+	100	100
Cl^-	100	0
$Prot^-$	0	100
gesamt	200	200

Tab. 1-3 Neuverteilung der Ionen

Ionen	außen	innen
K^+	75	125
Cl^-	75	25
$Prot^-$	0	100
gesamt	150	250

Gibbs-Donnan-Gleichung: $[K^+_{außen}] \cdot [Cl^-_{außen}] = [K^+_{innen}] \cdot [Cl^-_{innen}]$
Für beide Seiten gilt auch das Prinzip der Elektroneutralität: $[K^+_{außen}] = [Cl^-_{außen}]$ und $[K^+_{innen}] = [Prot^-_{innen}] + [Cl^-_{innen}]$
Durch Einsetzen in die Gibbs-Donnan-Gleichung kann die neue Konzentration für $[Cl^-_{innen}]$ berechnet werden. Daraus ergibt sich das Gleichgewicht mit den neuen Konzentrationen (→ Tab. 1-3).

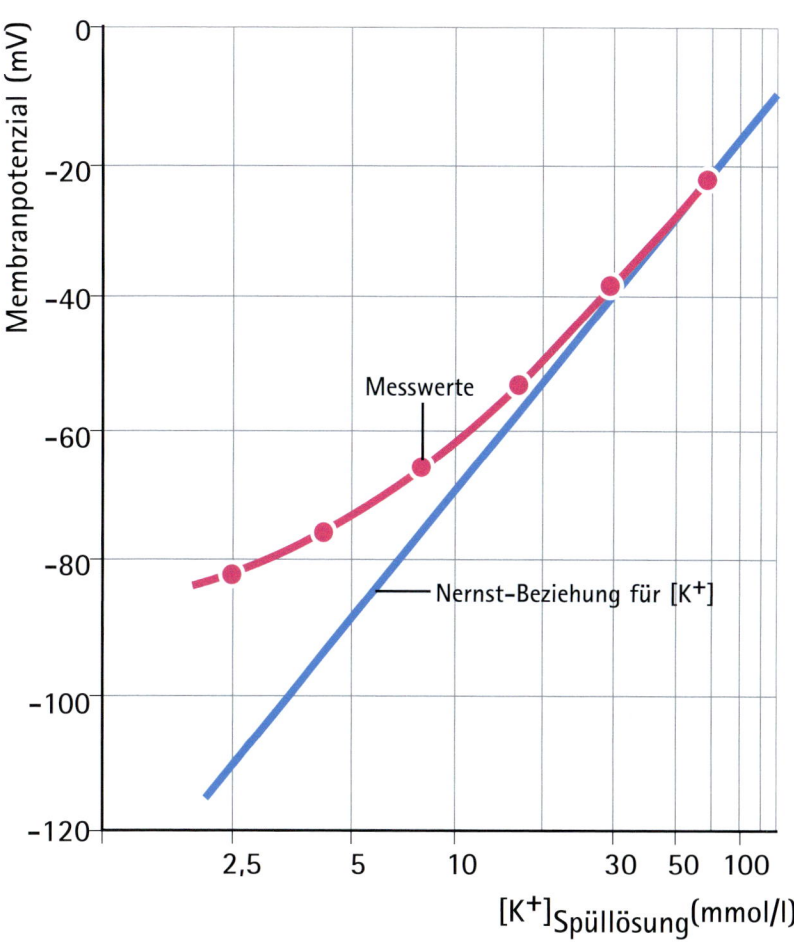

Abb. 1–6
Das Ruhemembranpotenzial ist hauptsächlich ein K^+-Potenzial. Eine geringe Abweichung der gemessenen Werte von den errechneten Werten kommt durch den Einfluss anderer Ionen (z. B. Cl^-) zustande.

1

1.3 Aktionspotenziale

Bei elektrischer Aktivität von Nerv und Muskel kommt es zur gleichzeitigen Änderung von Membranpotenzial, -strom und -leitfähigkeit. Durch die Methode der Spannungsklemme [engl. voltage clamp] kann die Membranspannung experimentell vorgegeben werden. Dadurch lässt sich der Membranstrom messen und durch das Ohm'sche Gesetz die Leitfähigkeitsänderung berechnen. Diese Technik erlaubte die Identifikation von Ionenkanälen als Grundlage des Aktionspotenzials.

Das Aktionspotenzial ist gekennzeichnet durch eine Abfolge typischer Phasen (→ Abb. 1-7):
- ▶ **langsame Depolarisationsphase**, bis eine bestimmte Schwelle erreicht ist
- ▶ sehr **schnelle Depolarisationsphase** mit einer kurzfristigen Umkehr des Membranpotenzials („Overshoot")
- ▶ Sonderfall Herz (weder Muskel noch Nerv): **Plateauphase** von variabler Dauer
- ▶ **Repolarisationsphase**, in deren Verlauf das Membranpotenzial sogar niedriger als der Ausgangswert werden kann (Hyperpolarisation)

Diese einzelnen Phasen beruhen auf der Funktion von Ionenkanälen (→ Abb. 1-8). Durch diese kann die Permeabilität von Ionen beeinflusst werden. Vereinfacht gesagt beruht die Depolarisationsphase auf der Öffnung von spannungsabhängigen Natriumkanälen, die Plateauphase auf der Öffnung von Calciumkanälen und die Repolarisationsphase auf dem Schließen von Natrium- und dem Öffnen von Kaliumkanälen. Die Ionen strömen in der jeweiligen Phase dann entsprechend ihrem elektrochemischen Gradienten in die Zelle oder aus ihr heraus.
Die Formen der Aktionspotenziale von Nerv und Muskel unterscheiden sich von denen des Herzens (→ Abb. 1-9). Aufgrund der besonders langen Plateauphase des Aktionspotenzials im Herzmuskel soll eine vorzeitige erneute Auslösung eines Aktionspotenzials verhindert werden.

 Klinik: Herzrhythmusstörungen können bei Reentry(-Tachykardie) und kreisenden Erregungen entstehen.

Das Calciumion spielt dabei eine besondere Rolle. Die Calciumkonzentration im Zytoplasma ist mit 10^{-7} mol/l sehr gering und etwa 10.000-fach kleiner als im Plasma (2,5 mmol/l). Durch Öffnung von Calciumkanälen können Calciumionen aufgrund des großen Konzentrationsgradienten sehr schnell in die Zelle einströmen. Außerdem wird Calcium aus intrazellulären Speichern (dem sarkoplasmatischen Retikulum) in das Zytoplasma freigesetzt. Es dient dann als intrazellulärer Signalstoff und vermittelt die Kontraktion (→ Kap. 3, S. 38 u. Kap. 10, S. 126). Zur Beendigung der Kontraktion wird Calcium aktiv unter ATP-Verbrauch in die Speicher und in den Extrazellulärraum gepumpt.
Eine besondere Bedeutung für das Auslösen eines Aktionspotenzials kommt dem spannungsabhängigen Natriumkanal zu, der drei Funktionszustände einnehmen kann (→ Abb. 1-10):
- ▶ offen
- ▶ geschlossen, aktivierbar und
- ▶ geschlossen, nicht aktivierbar.

Diese Zustände werden zyklisch durchlaufen und durch das jeweilige Membranpotenzial reguliert.

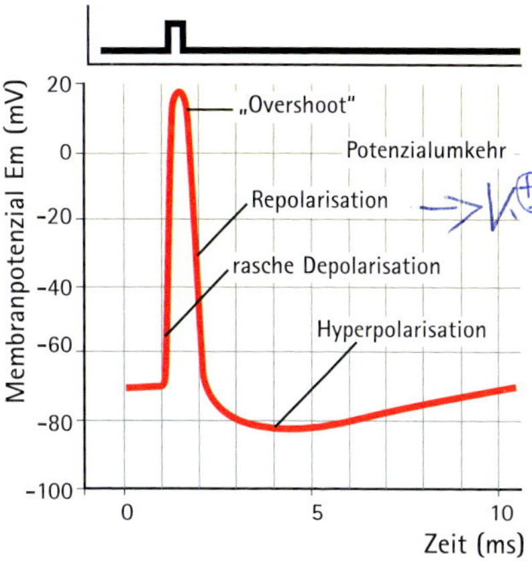

Strompuls

Membranpotenzial Em (mV)

20
0
-20
-40
-60
-80
-100

"Overshoot"

Potenzialumkehr

Repolarisation   → K⁺ Kanäle

rasche Depolarisation

Hyperpolarisation

0   5   10

Zeit (ms)

Abb. 1-7
Ein Aktionspotenzial von Nerv und Muskel besteht aus definierten charakteristischen Phasen: Nach einer schnellen Depolarisation, evtl. mit überschießender Reaktion, erfolgt eine schnelle Repolarisation mit Hyperpolarisation und langsamer Einstellung des usprünglichen Membranpotenzials.

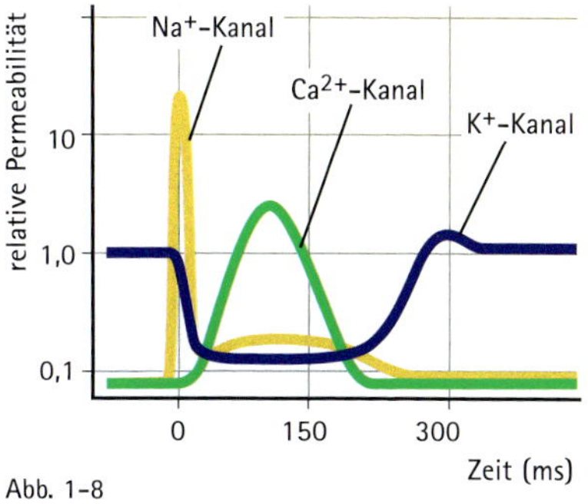

relative Permeabilität

Na⁺-Kanal

Ca²⁺-Kanal

K⁺-Kanal

10

1,0

0,1

0   150   300

Zeit (ms)

Potenzial (mV)

40

0

-40

-80

Plateauphase

schnelle Depolarisation

Repolarisation

0   150   300

Zeit (ms)

Abb. 1-8
Die Phasen des Aktionspotenzials kommen durch die Funktion von Ionenkanälen zustande. Das Öffnen von Na⁺-Kanälen führt zur Depolarisation, Ca²⁺-Kanäle sind während der Repolarisation offen und offene K⁺-Kanäle führen zur Hyperpolarisation und in den Ausgangszustand.

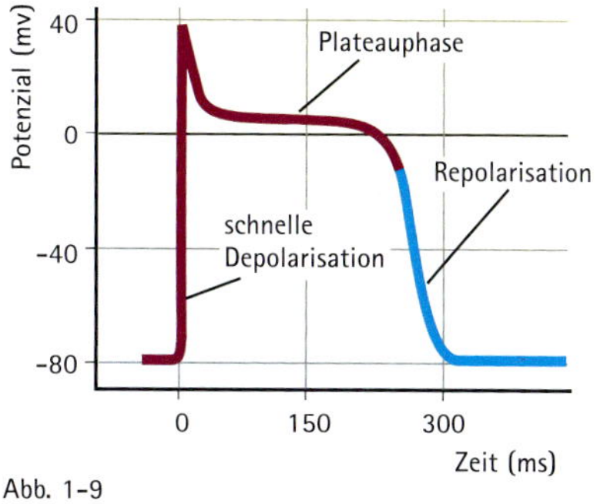

Abb. 1-9
Das Aktionspotenzial des Herzmuskels ist durch eine besonders lange Plateauphase gekennzeichnet, die durch offene Ca²⁺-Kanäle entsteht. Sie soll eine vorzeitige zweite Depolarisation verhindern.

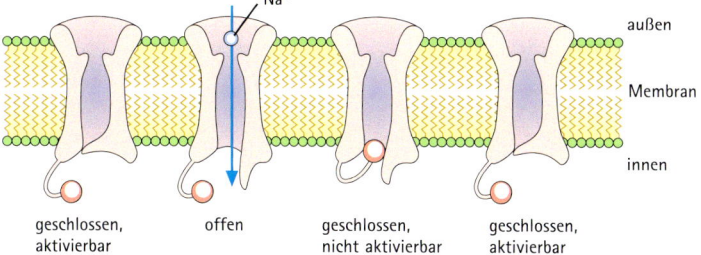

Na⁺

außen

Membran

innen

geschlossen,
aktivierbar

offen

geschlossen,
nicht aktivierbar

geschlossen,
aktivierbar

Abb. 1-10
Na⁺-Kanäle haben drei funktionelle Zustände, die in Zyklen durchlaufen werden: geschlossen und aktivierbar, offen, geschlossen und nicht aktivierbar.

1.3.1 Refraktärzeit

Ein neues Aktionspotenzial kann nicht sofort im Anschluss an ein direkt zuvor abgelaufenes Aktionspotenzial entstehen. Die Zeit, die bis zur erneuten Auslösung eines Aktionspotenzials vergehen muss, heißt Refraktärzeit (→ Abb. 1-11). In der absoluten Refraktärzeit (ca. 1 ms) lässt sich gar kein Aktionspotenzial mehr auslösen, in der relativen Refraktärzeit (mehrere ms) ist das Auslösen eines Aktionspotenzials möglich. Dieses ist jedoch kleiner als normal und zur Auslösung ist ein größerer Reiz erforderlich.

Die Ursache für die Refraktärzeit ist die zeitabhängige Funktion der Natriumkanäle. Diese sind eine Zeit lang nicht aktivierbar, nachdem sie geschlossen sind (drei Zustände, → S. 14, 15).

Das Aktionspotenzial ist durch Natriumkanalblocker hemmbar. Experimentell werden z. B. Tetrodotoxin (TTX, Gift des Kugelfischs) und klinisch z. B. Lokalanästhetika wie Lidocain eingesetzt.

1.3.2 Ausbreitung von Aktionspotenzialen im Nerv

An jeder Stelle der Nervenfaser erfolgt eine vollständige Erregung, d. h. es entsteht ein Aktionspotenzial mit jeweils gleicher Amplitude (Alles-oder-Nichts-Gesetz). Die Fortleitung dieser Aktionspotenziale erfolgt zum einen **elektrotonisch**. Durch die Art der Ableitung bedingt, lassen sich biphasische Aktionspotenziale messen, die eine relative Bewegung des elektrischen Felds durch den Nerv abbilden. Durch die Membraneigenschaften wirken einströmende Natriumionen als Stromquelle für elektrotonisch depolarisierende Potenziale benachbarter, noch nicht depolarisierter Membranstellen.

Durch die Myelinisierung der Nervenfaser können sich die Aktionspotentiale auch **saltatorisch** ausbreiten. Dabei „springt" die elektrische Erregung von einem Ranvier'schen Schnürring zum nächsten. Aktionspotenziale können nur am Schnürring entstehen, d. h. die elektrische Feldenergie nimmt zwischen den Schnürringen stark ab. Das Aktionspotenzial muss am Schnürring regeneriert werden. Der große Vorteil der saltatorischen Erregungsleitung liegt in der sehr schnellen Fortleitungsgeschwindigkeit (→ Abb. 1-12). Diese ist abhängig von

▶ der Amplitude des Na^+-Einstroms,
▶ bestimmten physikalischen Fasereigenschaften: dem Faserdurchmesser, der Membrankapazität und dem Membranwiderstand,
▶ der Stärke der Myelinisierung und
▶ der Umgebungstemperatur.

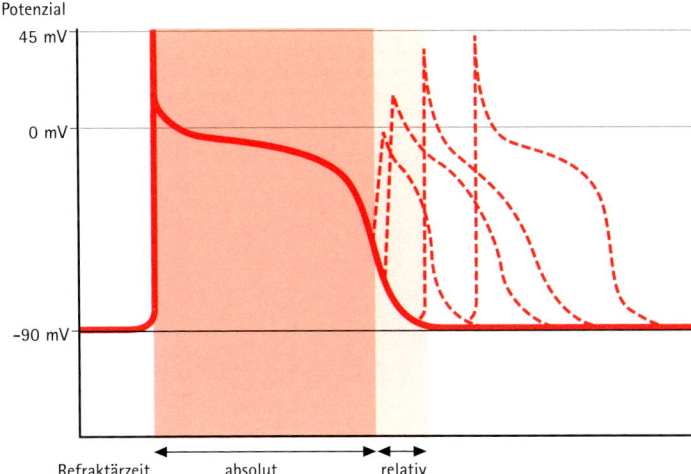

Abb. 1–11
Nach einem Aktionspotenzial kann ein zweites Aktionspotenzial nur nach einer bestimmten Zeit ausgelöst werden (absolute Refraktärzeit). In der relativen Refraktärzeit erreicht das Aktionspotenzial allerdings nicht seine normale Stärke.

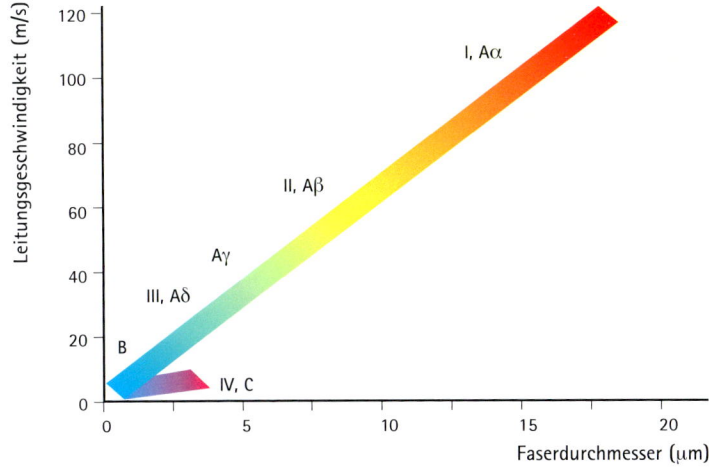

Abb. 1–12
Nerven sind aus vielen Nervenfasern mit unterschiedlichen Eigenschaften wie Dicke und Myelinisierungs-grad zusammengesetzt, die u. a. die Leitungsgeschwindigkeit bestimmen, nach denen sie in funktionelle Gruppen eingeteilt werden.

Tab. 1-4 Klassifikation der Nervenfasern nach ihren Eigenschaften

Klassifikation nach Erlanger und Gasser	Beispiel für Nervenfaser	mittlerer Faserdurchmesser (µm)	mittlere Leitungsgeschwindigkeit (m/s)
Aα	Muskelspindelafferenz, motorische Skelettmuskelfaser	15	100
Aβ	Hautafferenz für Druck und Berührung	8	50
Aγ	efferente Muskelspindelinnervation	5	20
Aδ	Hautafferenz für Schmerz und Temperatur	<3	15
B	Sympathikus präganglionär	3	7
C	Sympathikus postganglionär, Hautafferenz für Schmerz	1	1
Klassifkation nach Lloyd und Hunt	Beispiel für Nervenfaser	mittlerer Faserdurchmesser (µm)	mittlere Leitungsgeschwindigkeit (m/s)
I	Muskelspindelafferenz und Sehnenorgan	13	75
II	Mechanorezeptoren der Haut	9	55
III	tiefe Drucksensibilität der Muskulatur	3	11
IV	marklose Fasern zur Schmerzempfindung	1	1

Die meisten peripheren Nerven bestehen aus mehreren Faserbündeln unterschiedlicher Qualität (→ Abb. 1-12). Die experimentell messbare Nervenleitgeschwindigkeit spiegelt also eine Summe von Eigenschaften verschiedener Nervenfasern wider. Am gemischten Nerv sind deshalb nur Summenaktionspotenziale messbar. Dies erklärt auch das Anwachsen des Summenaktionspotenzials z. B. bei einer Erhöhung der Reizstärke (örtliche Summation: es werden gleichzeitig mehr Fasern gereizt) oder durch Verminderung des Zeitintervalls zwischen zwei Reizungen (zeitliche Summation: zwei unterschwellige Reize werden überschwellig, wenn sie nur kurz nacheinander ausgelöst werden) (→ Abb. 1-13).

1.3.3 Klinischer Ausblick: „Channelopathien"

Als „Channelopathien" werden bestimmte Erkrankungen bezeichnet, die auf Mutationen von Ionenkanälen (engl. ion channels) beruhen. Dazu zählen z. B. Erkrankungen auf der Basis von defekten Natriumkanälen
▶ an der Muskulatur, wie die Myotonia congenita und das myasthenische Syndrom,
▶ am Herzen, wie das kongenitale Romano-Ward-Sydrom (Long-QT-Syndrom, → Abb. 1-13), das kongenitale Sick-Sinus-Syndrom, bestimmte Formen des plötzlichen Kindstods (Sudden infant death syndrome), die dilatative Kardiomyopathie mit Arrhythmien und Überleitungsstörungen, und
▶ am Gehirn, wie die schwere kindliche myoklonische Epilepsie.

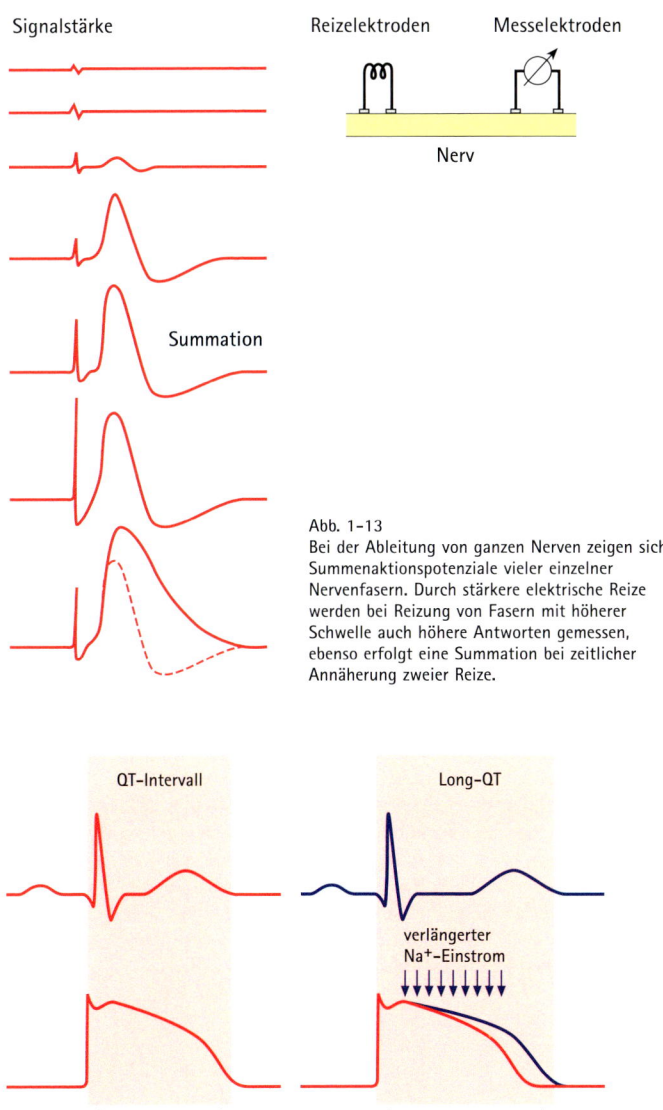

Signalstärke

Reizelektroden   Messelektroden

Nerv

Summation

Abb. 1-13
Bei der Ableitung von ganzen Nerven zeigen sich
Summenaktionspotenziale vieler einzelner
Nervenfasern. Durch stärkere elektrische Reize
werden bei Reizung von Fasern mit höherer
Schwelle auch höhere Antworten gemessen,
ebenso erfolgt eine Summation bei zeitlicher
Annäherung zweier Reize.

QT-Intervall   Long-QT

verlängerter
Na^+-Einstrom

Abb. 1-14
Beim „Long-QT"-Syndrom ist die Zeit im EKG zwischen QRS-Komplex (Erregung des Kammermyokards)
und T-Welle (Repolarisation) durch Fehlfunktion von Ionenkanälen pathologisch verlängert. Es kann zu
Herzrhythmusstörungen kommen.

1.4 Synapsen

Die Erregungsübertragung zwischen zwei Nervenfasern erfolgt über Synapsen. Man unterscheidet dabei chemische (→ Abb. 1-15) von elektrischen Synapsen.

Durch elektrische Synapsen wird ein zytoplasmatisches Kontinuum zwischen zwei oder mehr Zellen hergestellt. Sie kommen als „Gap junctions" z. B. am Herzen, in glatten Muskelzellen und im Gehirn vor. Durch sie können elektrische Signale direkt und sehr schnell zwischen zwei Zellen fließen. Die Erregung kann dabei in beide Richtungen fließen und verläuft stereotyp.

Chemische Synapsen sind weitaus zahlreicher als elektrische Synapsen. Sie besitzen eine hohe Übertragungssicherheit, sind aber viel langsamer. Der Fluss der Erregung ist unidirektional, d. h. die Erregung kann nur von der prä- zur postsynaptischen Seite fließen.

In chemischen Synapsen werden durch einen elektrischen Reiz am präsynaptischen Axonende (frz. Buton terminal) Neurotransmittermoleküle, die in Vesikeln gespeichert sind, in den synaptischen Spalt ausgeschüttet.

> **!** **Merke!** Ein Axon kann nur einen Neurotransmitter ausschütten. Das ist auch der Grund für Interneurone (→ Kap. 12, S. 142).

Der Neurotransmitter diffundiert in weniger als einer Millisekunde durch den synaptischen Spalt und erregt spezifische Rezeptoren der postsynaptischen Membran. Dadurch kommt es zur Öffnung von Ionenkanälen und zur Entstehung von erregenden oder hemmenden (inhibitorischen) postsynaptischen Potenzialen (EPSP bzw. IPSP).

Erregende Neurotransmitter sind z. B. Acetylcholin, Katecholamine wie Adrenalin, Noradrenalin oder Dopamin, bestimmte Aminosäuren wie Glutamat oder Aminosäure-Derivate wie Serotonin (5-Hydroxytryptamin, 5HT). Hemmende Neurotransmitter sind z. B. Glycin und γ-Aminobuttersäure (GABA).

Eine spezielle Form der Synapse ist die neuromuskuläre Endplatte (→ Kap. 10, S. 122). An ihr wird nur Acetylcholin als Transmitter ausgeschüttet und es kommt nur zu EPSPs („Endplattenpotenzialen"). Auch einige Drüsen können durch Nervenreize zur Ausschüttung des von ihnen produzierten Hormons stimuliert werden (neuro-glanduläre Synapse).

Synapsen treten ebenfalls zwischen Rezeptoren und ableitenden Nervenfasern auf. Im Nervensystem können sich Synapsen zwischen Axonen und Dendriten (axo-dendritisch), Axonen und Nervenzellkörpern (axo-somatisch) und zwei Axonen (axo-axonisch) bilden.

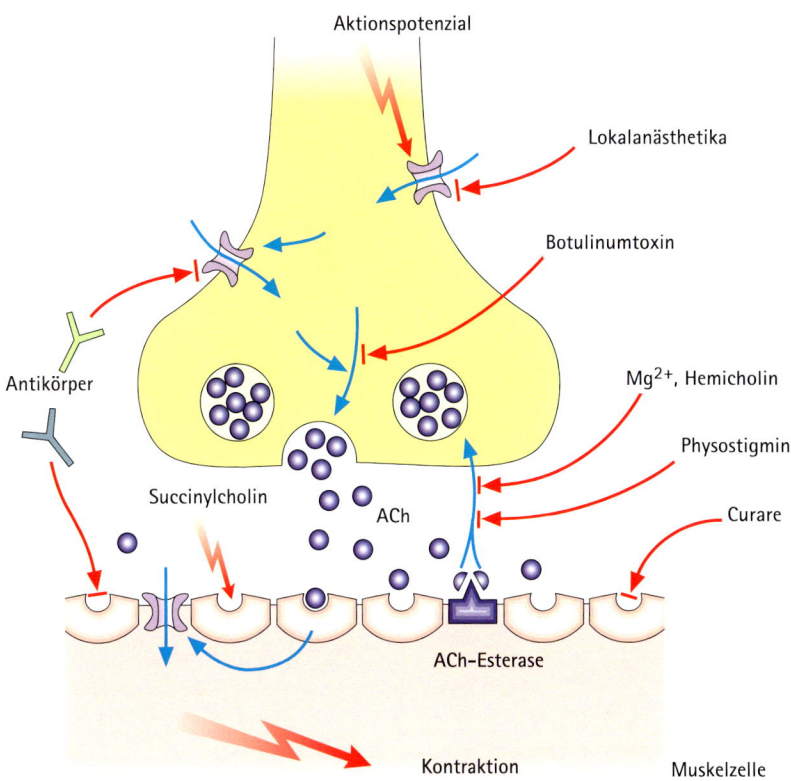

Abb. 1-15
Chemische Synapsen spielen eine zentrale Rolle bei der Informationsübertragung im zentralen und peripheren Nervensystem und sind Angriffspunkt zahlreicher modulierender Pharmaka. Die neuromuskuläre Endplatte ist eine Sonderform der Synapse.

2

2.1 Aufgaben des Blutes

Die Funktionen des Blutes sind:
▶ Transport von Atemgasen, Nährstoffen, Vitaminen und Stoffwechselmetaboliten (Entgiftung)
▶ Pufferung
▶ Informationsaustausch (Hormone)
▶ Abwehr
▶ Steuerung des Wärmehaushalts
▶ Reparatur (Wundheilung)
▶ Aufrechterhalten des Wasser- und Elektrolythaushalts

2.2 Zusammensetzung des Blutes

Das Blut besteht aus (→ Abb. 2-1):
▶ Zellen
  • roten Blutkörperchen = Erythrozyten
  • weißen Blutkörperchen = Leukozyten mit der Unterteilung in Granulozyten, Monozyten und Lymphozyten
  • Blutplättchen = Thrombozyten
▶ Plasma: Das Blutplasma enthält Gerinnungsfaktoren, Immunglobuline, Ionen, Glucose, Harnstoff, Kreatinin, Albumin sowie zahlreiche weitere Plasmaproteine.

! **Merke!** Blutserum entsteht aus Plasma, nachdem die Gerinnungsfaktoren durch eine aktivierte Gerinnung entfernt wurden.

2.2.1 Blutvolumen und Hämatokrit

Das Blutvolumen beträgt etwa 7 % des Körpergewichts. Dies sind ca. fünf Liter bei einem 70 kg schweren Menschen. Der Anteil der Erythrozyten am Gesamtblut wird als Hämatokrit bezeichnet.

i **Hinweis:** Manche Lehrbücher definieren den Hämatokrit als Anteil aller Zellen (Erythrozyten, Leukozyten und Thrombozyten) am Blut. Aufgrund des geringen Anteils von Leukozyten und Thrombozyten wird dieser oft vernachlässigt. Nur bei z. B. bestimmten Formen der Leukämie mit massiver Erhöhung der Leukozytenzahlen spielt dieser Anteil eine Rolle.

Der Hämatokrit beträgt bei der Frau etwa 41 %, beim Mann etwa 46 %. Er wird bestimmt, indem ein mit Blut gefülltes Röhrchen zentrifugiert wird und dann die jeweiligen Anteile mit einem Lineal ausgemessen werden (→ Abb. 2-2).
Der weiße Saum auf den Erythrozyten wird als „Buffy-Coat" bezeichnet und enthält die Leukozyten.

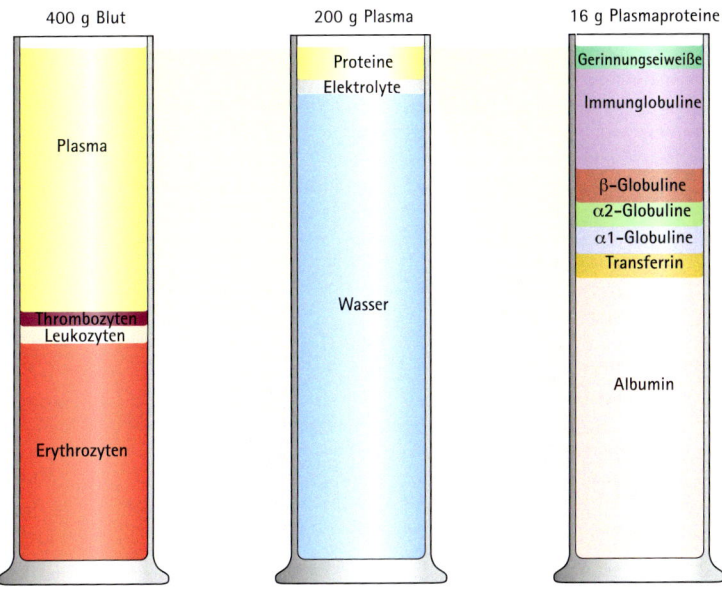

Abb. 2-1
Blut ist aus Zellen (Erythrozyten, Leukozyten und Thrombozyten) sowie Plasma zusammengesetzt. Das Plasma setzt sich aus Wasser, Proteinen und Elektrolyten zusammen. Die Plasmaproteine werden in Albumin, Transferrin, Gerinnungsfaktoren und α-, β-, und γ- (Immun-)Globuline unterteilt.

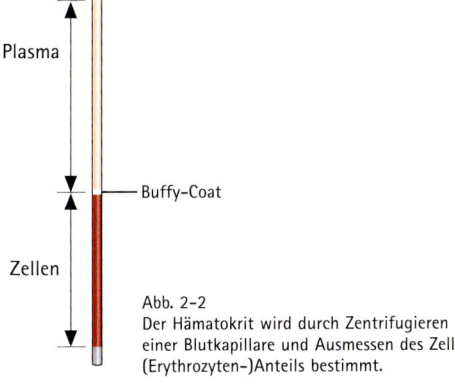

Abb. 2-2
Der Hämatokrit wird durch Zentrifugieren einer Blutkapillare und Ausmessen des Zell-(Erythrozyten-)Anteils bestimmt.

Durch den Hämatokrit wird die Fließeigenschaft des Blutes (besonders in den Kapillaren) wesentlich bestimmt (Fåhræus-Lindquist-Effekt) (→ Abb. 2-4). Ein hoher Hämatokrit führt zu schlechteren Fließeigenschaften (Viskosität) des Blutes und damit zu der Gefahr einer intravasalen Gerinnung (→ Abb. 2-3). Dies kann zu Organinfarkten und Gefäßverschlüssen führen. Der Hämatokrit wird durch das Hormon Erythropoetin (EPO) erhöht. Erythropoetin wird in der Niere gebildet und auf Hypoxiereize hin ausgeschüttet (z. B. in großer Höhe). Dieselbe Wirkung hat auch von außen zugeführtes EPO. Ein geringer Hämatokritanstieg kann die Gewebeversorgung mit O_2 zu einem gewissen Grad verbessern (Ziel des Dopings), bei höheren Hämatokritwerten verschlechtert sich diese aber durch die ungünstigen Fließeigenschaften des Blutes (→ Abb. 2-3).

2.3 Blutplasma

2.3.1 Osmolarität, osmotischer Druck

An einer selektivpermeablen Membran, die nur das Lösemittel, nicht aber die gelösten Teilchen durchlässt, entsteht ein Druck, der so genannte osmotische Druck. Dabei entwickelt 1 mol gelöster Teilchen einen Druck von 22,4 Atmosphären = 22,4 · 1013 hPa.

> **! Merke!** Moleküle, die elektrolytisch dissoziieren, gehen mit jedem Teilchen in den osmotischen Druck ein (z. B. 1 mol NaCl entwickelt einen osmotischen Druck von 2 · 22,4 atm = 2 osmol).

Das Blutplasma hat eine normale Osmolarität von 280–300 mosmol/l. Dies entspricht einer 0,9 %igen NaCl-Lösung. Lösungen mit gleicher Osmolarität wie das Blutplasma heißen isoton, mit geringerer Teilchenzahl hypoton und mit größerer Teilchenzahl hyperton (→ Abb. 2-5). Erythrozyten, die längere Zeit einer hypotonen Lösung ausgesetzt sind, schwellen an und platzen. In einer hypertonen Lösung verlieren sie durch Osmose Wasser und schrumpfen zur so genannten Stechapfelform. Die osmotische Resistenz von Erythrozyten, d. h. die Zeit, die sie einer starken Veränderung der Osmolarität standhalten können, hängt von ihren Membran- und Zytoskelett-Eigenschaften ab. Diese können durch bestimmte genetische oder erworbene Erkrankungen verändert sein (z. B. Thalassämien, Ankyrin-Mangel). Die osmotische Konzentration des Plasmas wird durch die Niere konstant gehalten (→ Kap. 7, S. 100).

Der **kolloidosmotische (onkotische) Druck** des Plasmas kommt durch große, kolloidal gelöste Proteine zustande, die von einer Hydrathülle umgeben sind. Der kolloidosmotische Druck beträgt im Plasma etwa 25 mmHg.
Im Plasma sind etwa 7,2 g Proteine in 100 ml gelöst. Sie setzten sich aus ca. 4 g Albuminen und 3,2 g Globulinen zusammen. Letztere werden in α- (Lipoproteine, Makroglobuline, Haptoglobin), β- (Transferrin, Lipoproteine) und γ- (Antikörper IgG, IgD, IgA, IgM und IgE) Globuline unterteilt. Zusätzlich wird das Fibrinogen dieser Gruppe zugerechnet. Plasmaproteine können durch Elektrophorese aufgetrennt werden. Plasmaproteine dienen u. a. dazu, dass Wasser im Gefäßsystem bleibt und nicht in das Interstitium eingelagert wird. Bei einem Proteinmangel kommt es deshalb zu Ödemen.
Albumin hat, neben der Rolle bei der Aufrechterhaltung des kolloidosmotischen Drucks, auch eine wichtige Funktion als Trägerprotein. Zahlreiche Substanzen wie z. B. Bilirubin, Fettsäuren, Spurenelemente, Hormone und Arzneimittel werden über Albumin transportiert.

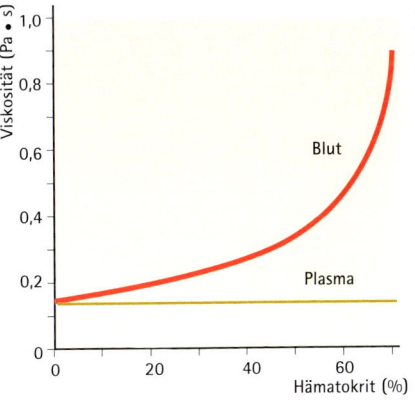

Abb. 2-3
Der Hämatokrit (Anteil der Zellen am Blut) bestimmt dessen Fließeigenschaften (bes. „Zähigkeit", Viskosität). Je höher der Hämatokrit, desto schlechter fließt Blut, desto mehr Sauerstoff kann aber auch transportiert werden.

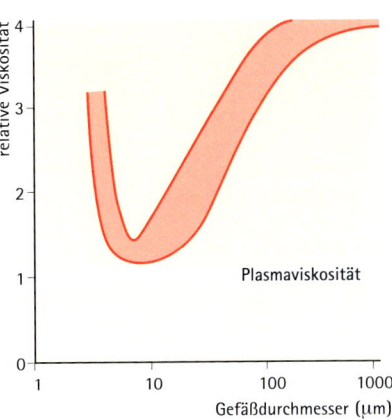

Abb. 2-4
Durch Entmischung des Blutes in Plasma und Erythrozyten in kleineren Gefäßen sinkt die Viskosität (Fåhræus-Lindquist-Effekt).

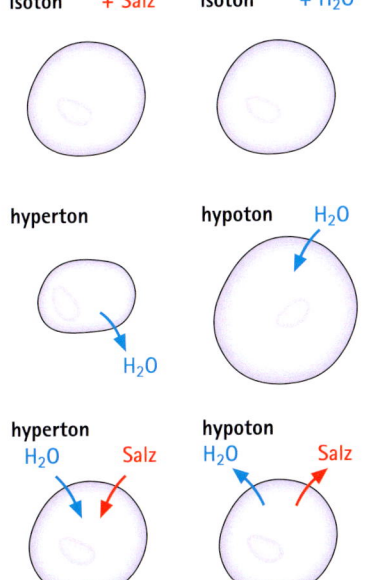

Abb. 2-5
Die Anzahl und die Art der im Plasma gelösten Teilchen bestimmt seine Tonizität. Im hypotonen Medium blähen sich Erythrozyten auf bis sie platzen, im hypertonen Medium schrumpfen sie zur so genannten Stechapfelform.

2

2.4 Erythrozyten

Im Knochenmark reifen die Erythrozyten aus hämatopoetischen Stammzellen unter dem Einfluss zahlreicher Wachstumsfaktoren ($\rightarrow$ Abb. 2-6). Nachdem ihre kernhaltige Vorstufe, die Retikulozyten, den Kern ausgestoßen haben, werden die Erythrozyten ins Blut ausgeschwemmt. Nach etwa vier Monaten (120 Tagen) werden sie vor allem in der Milz, aber auch in Leber und Knochenmark, wieder abgebaut.

2.4.1 Hämoglobin

Wichtigster Bestandteil der Erythrozyten ist das Hämoglobin. Es besteht aus vier Globin-Untereinheiten (Tetramer) mit je einer Häm-Gruppe (= O_2-Bindungsstelle), die ein Fe^{2+}-Ion im funktionellen Zentrum trägt.
Mögliche Globinketten: α, β, γ, δ, ε, ζ, sowie mehrere Pseudogene

Tab. 2–1 Übersicht über die verschiedenen Hämoglobinmoleküle

Zusammensetzung der Globinketten	Hämoglobinmolekül	Vorkommen
$\alpha_2\beta_2$	HbA1	adult, 97 %
$\alpha_2\delta_2$	HbA2	adult, 3 %
$\alpha_2\gamma_2$	HbF	fetal
$\zeta_2\varepsilon_2$, $\zeta_2\gamma_2$, $\alpha_2\varepsilon_2$		embryonal (bis 8. SSW)
andere		selten

Aufgaben des Hämoglobins:
▶ Transport der Atemgase O_2 und CO_2
▶ Regulation des Blut-pH-Wertes
▶ Detoxifikation von NO
▶ NO-abhängige Regulation des Blutflusses
▶ Detoxifikation von O_2: NO-Desoxygenase, „oxygen scavenger"
▶ (fraglich:) Sterol-Biosynthese: Ferrihemoprotein-Reduktase in Squalen-Epoxidation

Nach der Geburt wird das fetale HbF gegen die erwachsenen Formen ausgetauscht ($\rightarrow$ Abb. 2-7). Das fetale Hämoglobin hat eine andere O_2-Affinität als das mütterliche, dadurch soll der Übertritt von O_2 durch die Plazenta erleichtert werden.

 Klinik: Störungen der Hämbiosynthese können angeboren oder erworben sein (z. B. Blei-Intoxikation). Durch atypische Häm-Metabolite entstehen freie Radikale, die Lysosomen destabilisieren. Dadurch kommt es zu Gewebeschädigungen z. B. bei der Porphyrie.

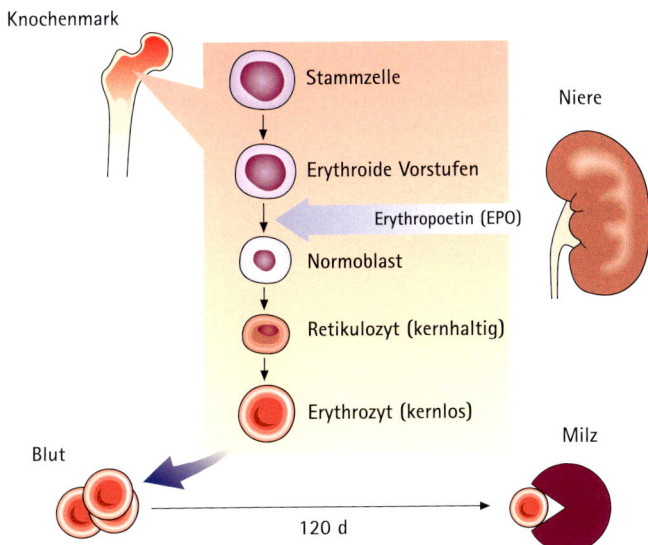

Abb. 2-6
Erythrozyten werden im Knochenmark gebildet und reifen unter Einfluss des Nierenhormons Erythropoetin über verschiedene Vorläuferstufen. Reife Erythrozyten überleben ca. 120 Tage bis sie in der Milz abgebaut werden.

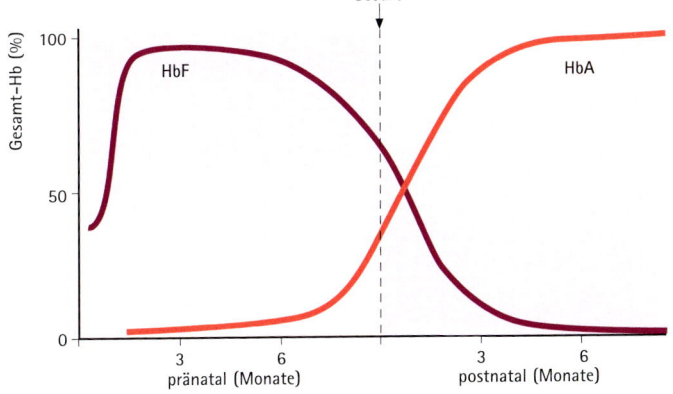

Abb. 2-7
Feten haben eine andere Hämoglobin–Zusammensetzung als Erwachsene. Das fetale Hämoglobin (HbF) besitzt eine andere Sauerstoffaffinität, um den Sauerstoffaustausch mit mütterlichem Blut über die Plazenta zu ermöglichen. Nach der Geburt wird das fetale Hämoglobin durch adultes Hämoglobin (HbA) ersetzt, indem andere Globinketten synthetisiert werden.

2

2.4.2 Störungen der Erythrozytenzahl (Anämien)

Störungen der Erythrozytenzahl und -funktion werden als Anämien bezeichnet. Sie können folgende Ursachen haben:

1. Blutbildungsstörungen
   ▶ Stammzellschädigung (aplastische Anämie)
   ▶ DNA-Bildungsstörung (megaloplastische Anämie durch Vitamin B_{12}-/Folsäure-Mangel) (→ Abb. 2-8)
   ▶ Hämoglobinbildungsstörung (Eisenmangelanämie)
   ▶ Erythropoetinmangel (renale Anämie)

2. gesteigerter Erythrozytenabbau
   ▶ Erythrozytendefekt (hämolytische Anämie) durch
     • Membrandefekte (Sphärozytose),
     • Enzymdefekte (Glucose-6-Phosphat-Dehydrogenase-Mangel) oder
     • Hämoglobindefekte (Thalassämien, Sichelzellanämie).
   ▶ extraerythrozytäre Faktoren
     • iso-/auto-Antikörper (Rh-Inkompatibilität bei Neugeborenen, Transfusionszwischenfälle, Wärme-/Kälteantikörper)
     • Arzneimittel
     • Infektionskrankheiten (Malaria)
     • physikalische und chemische Schädigungen (Herzklappenersatz, Verbrennung, Schlangengifte)
     • Stoffwechselstörungen
     • weitere seltene Ursachen (z. B. hämolytisch-urämisches Syndrom)

3. Erythrozytenverlust (Blutung, bes. auch Menstruation!)

4. Verteilungsstörung (Ansammlung von Blutzellen in einer vergrößerten Milz z. B. beim Hypersplenie-Syndrom)

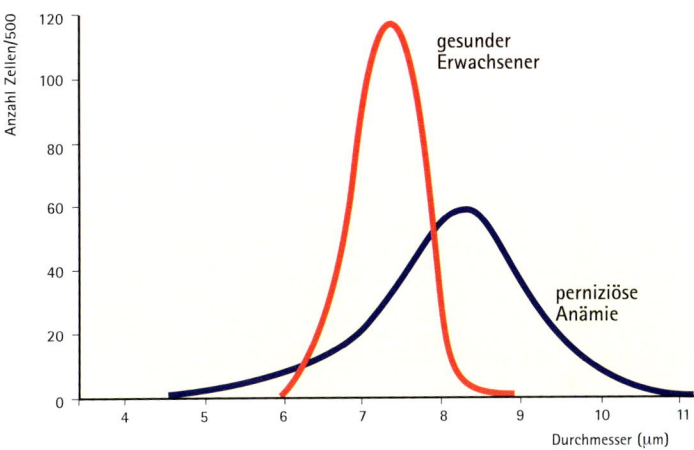

Abb. 2-8
An der Price-Jones-Verteilungkurve lassen sich Verschiebungen des durchschnittlichen Erythrozyten-durchmessers ablesen, z. B. die perniziöse Anämie mit Megaloblasten.

Tab. 2-2 Einige Normalwerte aus der Hämatologie

Parameter	Einheit	Männer	Frauen
Hämatokrit	%	0,40–0,54	0,37–0,47
Erythrozytenzahl	10^{12} Ery/l	4,6–6,2	4,2–5,4
Hämoglobingehalt	g/l	140–180	120–160
MCH = mittlerer Hb-Gehalt/Ery	pg/Ery	27–30	
MCV = mittleres Ery-Volumen	fl/Ery	80–100	
MCHC = mittlerer corpuskulärer Hb-Gehalt	g/l	320–360	
Blutsenkungsgeschwindkeit	mm/h	3–6	8–10
Minimumresistenz	NaCl-Konz. in %	0,42–0,46	
Maximumresistenz	NaCl-Konz. in %	0,30–0,32	
Blutungszeit nach IVY	s	<120	
Quickwert	%	70–100	
Partielle Thromboplastinzeit	s	35–45	

2

2.4.3 Erythrozytenindices

Als Erythrozytenindices werden definiert:

1. MCH (engl. mean corpuscular haemoglobin): Hämoglobinmenge eines einzelnen Erythrozyten

$$\text{MCH} = \frac{\text{Hb}}{\text{Erythrozytenzahl}} = \text{ca.} \frac{15 \text{ g}/100 \text{ ml}}{5 \text{ Mio.}/\mu\text{l}} = \text{ca. 30 pg}$$

Anämien können auch nach dem MCH (Färbeindex) eingeteilt werden:
▶ hypochrome Anämie: MCH ↓
  • Eisen ↑ : Thalassämie
  • Eisen ↓ : Eisenmangelanämie, Entzündung, Tumor
▶ normochrome Anämie: MCH normal
  • Retikulozyten ↑ : hämolytische Anämie, Blutung
  • Retikulozyten ↓ : aplastische Anämie, renale Anämie
▶ hyperchrome Anämie: MCH ↑
  • Retikulozyten normal, MCV ↑ : megaloblastische Anämie (Vit. B_{12}-/Folsäuremangel)

2. MCV (engl. mean cell volume): Mittleres Volumen eines Erythrozyten

$$\text{MCV} = \frac{\text{Hämatokrit}}{\text{Erythrozytenzahl}} = \frac{0,43}{5 \text{ Mio.}/\mu\text{l}} = \text{ca. 90 fl}$$

Bei einer Verminderung des MCV spricht man von mikrozytären, bei einer Erhöhung von makrozytären Anämien.

2.5 Weiße Blutkörperchen

Die weißen Blutkörperchen setzen sich zusammen aus:
▶ neutrophilen Granulozyten in den Formen stabkernig (jung) und segmentkernig (alt),
▶ eosinophilen Granulozyten,
▶ basophilen Granulozyten,
▶ Lymphozyten und
▶ Monozyten.

Die weißen Blutkörperchen dienen hauptsächlich der Immunabwehr (→ Tab. 2-3). Sie entstehen ebenfalls aus Stammzellen des Knochenmarks und reifen im Blut oder, im Fall der Lymphozyten, in den Lymphknoten oder dem Thymus.

Im Hämatokritröhrchen setzen sie sich oberhalb der Erythrozytensäule ab. Sie bilden einen feinen weißen Saum, der als Leukokrit oder Buffy-Coat bezeichnet wird (→ Abb. 2-2, S. 23).

Tab. 2-3 Übersicht über die Leukozyten

Leukozytenart (Häufigkeit)	Funktion bzw. Bedeutung
Granulozyten	Generell von zentraler Bedeutung bei der unspezifischen Abwehr von Krankheitskeimen.
Neutrophile (55–70 %)	a) Phagozytose und Lyse von Parasiten (Viren und Bakterien) b) Freisetzung von leukotaktisch wirksamen Stoffen c) Bildung antibiotischer Wirkstoffe (Lysozym, Laktoferrin, O_2-Radikale)
Eosinophile (2–4 %)	a) Abwehr parasitärer Würmer b) Synergie mit Mastzellen und basophilen Granulozyten
Basophile (0–1 %)	a) Freisetzung von Histamin und Heparin b) Rolle bei der Abwehr von einzelligen Mikroorganismen und Würmern c) histaminabhängige Allergiesymptome d) Freisetzung chemotaktischer Lockstoffe für Eosinophile
Monozyten (2–6 %)	Vorläuferzellen des mononukleären Phagozytensystems, das für Phagozytose, Antigenpräsentation, Freisetzung von Proteasen, O_2-Radikale, NO und Interleukine verantwortlich ist.
Lymphozyten (25–40 %)	a) B- und T- Lymphozyten für spezifische Immunabwehr b) B-Zellsystem verantwortlich für humorale Immunreaktion über Bildung löslicher Antikörper c) T-Zellsystem spezialisiert auf zelluläre Immunreaktion (T-Helfer- u. T-Killer-Zellen)

2

2.6 Blutgerinnung

Die Blutgerinnung dient der Sicherung des Kreislaufsystems vor Lecks und Gefäßverschlüssen. Im Körper besteht ein Gleichgewicht zwischen hämostatischen (blutungsstillenden) und fibrinolytischen (gerinnungshemmenden) Faktoren. Die Blutgerinnung basiert auf drei Mechanismen:
▶ der Gefäßkontraktion,
▶ der Thrombozytenaggregation und
▶ der Fibrinbildung.

Die Gefäßkontraktion wird vermutlich durch die Endothel-Läsion ausgelöst. Die Thrombozyten, die durch Zerfall von Megakaryozyten (kernhaltige Zellen) entstehen, können an den geschädigten Endothelien hängen bleiben. Dadurch können sich sehr große Thromben bilden. Bei Aktivierung der Thrombozyten schütten diese zusätzliche Gewebshormone aus, die ebenfalls vasokonstriktiv wirken.

Die Bildung eines Fibrinthrombus erfordert die Aktivierung einer festgelegten Gerinnungskaskade (→ Abb. 2-9). Diese ist durch ein intrinsisches System (Kontaktaktivierung und Thrombozytenzerfall) sowie ein extrinsisches System (Gewebsverletzung) aktivierbar. Dabei werden die inaktiven Vorstufen der Gerinnungsfaktoren in ihre aktiven Formen umgewandelt. Im letzten Schritt aktiviert der Faktor Thrombin das Fibrinogen, das einen Fibrinthrombus bildet. Als Gegenspieler und Aktivator der Fibrinolyse dient Plasmin, das aus dem Plasminogen unter Einfluss des Gewebe-Plasminogen-Aktivators (tPA) gebildet wird.

 Klinik: Beim Ausfall eines Gerinnungsfaktors, wie z. B. Faktor VIII bei der X-chromosomal vererbten Hämophilie A, ist das gesamte System gestört und nahezu funktionslos.

2.7 Immunabwehr

Der Körper besitzt sowohl ein unspezifisches als auch ein spezifisches System zur Abwehr von äußeren, schädigenden Substanzen.

2.7.1 Unspezifische Immunabwehr

Zum unspezifischen Abwehrsystem gehören die Granulozyten, die durch Chemotaxis und Migration an den Ort einer Schädigung wandern können. Sie phagozytieren den Fremdkörper unter der Bildung von Sauerstoffradikalen und Leukotrienen. Zusätzlich schütten sie Interferone aus, mit denen sie andere Abwehrzellen aktivieren können.

Außerdem gibt es gewebespezifische, gewebeständige Phagozyten, wie z. B. die Kupffer'schen Sternzellen der Leber. Zusammengefasst werden diese Gewebemakrophagen als retikuloendotheliales System (RES) bezeichnet. Zu den weiteren unspezifischen Abwehrmechanismen gehören die Barrierefunktion der Haut, die Salzsäure des Magens, Verdauungsenzyme im Speichel und das Flimmerepithel des Bronchialsystems.

Auch das Complementsystem wird der unspezifischen Immunabwehr zugerechnet. Es dient der Zell-Lyse infizierter Körperzellen und der Verdauung von Mikroorganismen.

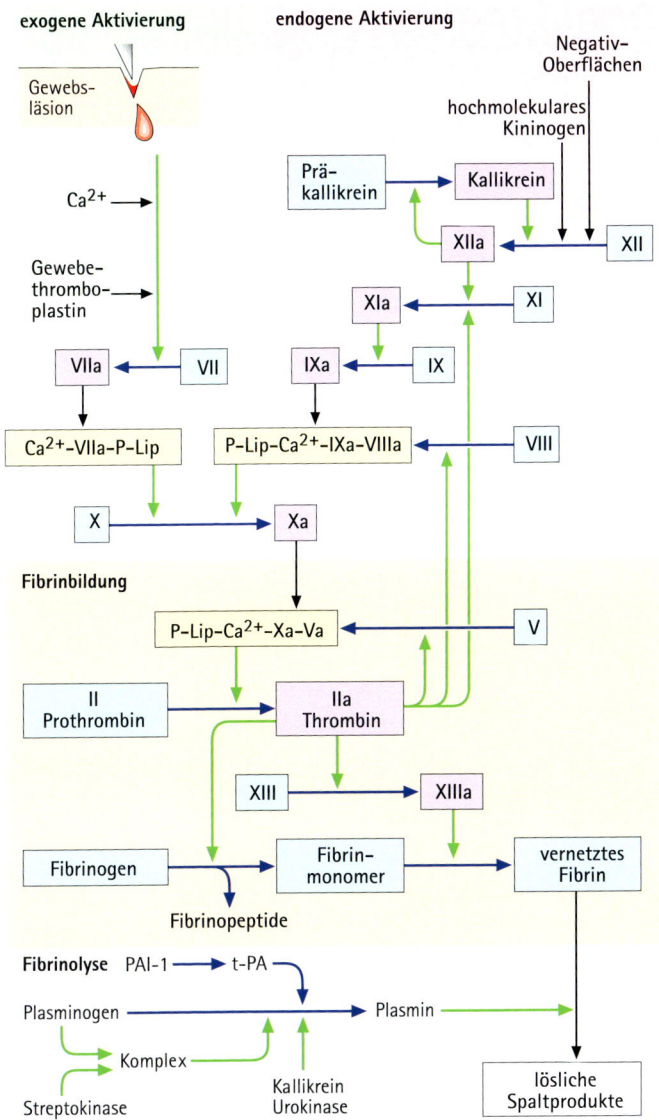

Abb. 2-9
Die Blutgerinnung läuft als kaskadenartige Aktivierung von Gerinnungsfaktoren ab. Die Aktivierung der Blutgerinnung verschiebt das Gleichgewicht zwischen Gerinnung und Fibrinolyse zugunsten der Gerinnung.

2

2.7.2 Spezifische Immunabwehr

Zur spezifischen Abwehr gehören Zellen, die ein spezielles Erkennen bzw. Wiedererkennen bestimmter Molekülstrukturen ermöglichen. Diejenigen Strukturen, die eine Immunreaktion hervorrufen können, bezeichnet man als Antigen. Auch die Zellen des lymphatischen Systems gehören zu den spezifischen Abwehrzellen. Sie lassen sich einteilen in T-Lymphozyten mit zytotoxischen und Lymphokin-bildenden Eigenschaften und B-Lymphozyten zur Produktion von Antikörpern.

Die hohe Variabilität der Antikörper zur Erkennung zahlreicher verschiedener Antigene wird durch genetische Rekombination gewährleistet. Die Antikörper können je nach Molekülzusammensetzung in Immunglobuline der Klassen IgA, IgD, IgE, IgG und IgM eingeteilt werden (→ Abb. 2-10).

Aktive Impfungen basieren auf der Gabe von Antigenen, gegen die der Körper Antikörper bilden muss. Durch wiederholte Impfung („Boostern") kann eine schnellere und stärkere Immunantwort erreicht werden. Bei passiven Impfungen dagegen wird der Antikörper selbst gegeben. Während die aktive Immunisierung lange Zeit (mehrere Jahre) wirksam bleiben kann, ist die Wirkdauer der passiven Immunisierung auf wenige Wochen bis Monate beschränkt. Sie wirkt jedoch sofort, während für die aktive Impfung einige Wochen zur Bildung von Antikörpern und damit einem Impfschutz nötig sind.

Körperzellen besitzen bestimmte Oberflächenmerkmale, mit denen sie als körpereigen erkannt werden können. Diese Moleküle werden als Haupthistokompatibilitäts-Komplex (MHC, engl. major histocompatibility complex) bezeichnet.

2.8 Blutgruppen

Verschiedene Ausprägungen von Eigenschaften des Blutes beruhen auf unterschiedlichen Strukturen der Blutbestandteile („Polymorphismen"). Sie können bei
▶ Erythrozyten-Antigenen,
▶ Serumgruppen oder
▶ Enzymgruppen auftreten.
Es gibt zahlreiche Blutgruppensysteme (z. B. AB0, Rhesus, Kell, Kidd, Lewis, Lutheran, MNSs, Wrigth, Xg), von denen das AB0-System das gängigste ist.

2.8.1 AB0-System

Erythrozyten tragen bestimmte Oberflächenmoleküle (Agglutinogene, → Abb. 2-11). Diese können bei vorangegangener Sensibilisierung durch im Plasma vorhandene Antikörper (Agglutinin) erkannt werden. Die Antigeneigenschaften der Erythrozyten sind angeboren, während die Plasmaantikörperbildung in den ersten Lebensmonaten entweder durch Immunisierung während der Geburt oder durch Darmbakterien ausgelöst wird.
Die Häufigkeitsverteilung der verschiedenen Blutgruppen ist genetisch bedingt und variiert geographisch stark. Das AB0-System wird nach den Mendel'schen Gesetzen vererbt, wobei A und B kodominant sind.

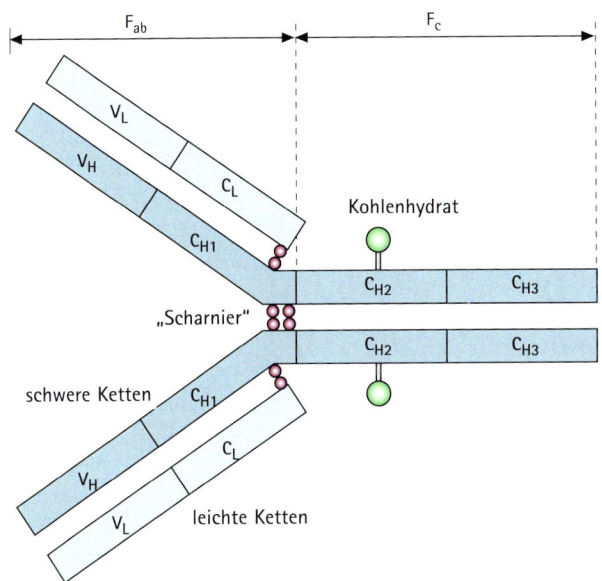

Abb. 2-10
Antikörper setzen sich aus verschiedenen Peptidketten zusammen. Die konstanten Regionen (C) bestimmen Molekülinteraktion und Art des Antikörpers, die variablen Regionen (V) dienen der Antigenerkennung für spezifische Epitope.

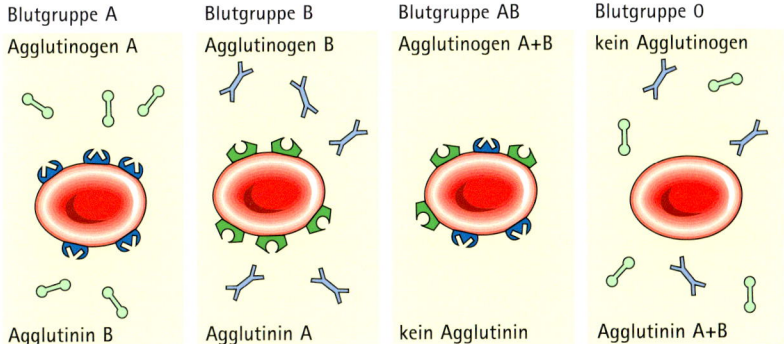

Abb. 2-11
Das ABO-Blutgruppensystem ist durch bestimmte Oberflächenmoleküle (Agglutinogene) gekennzeichnet. Durch Immunisierung während oder nach der Geburt entstehen im Blutplasma Antikörper gegen die jeweils nicht vorhandenen Oberflächenmoleküle.

2

Tab. 2-4 Einteilung der Erythrozyten nach dem ABO-System

Oberflächeneigenschaft der Erythrozyten	Plasma-Antikörper	Genotyp
A	Anti-B	AA, A0
B	Anti-A	BB, B0
AB	keine	AB
keine (0)	Anti-A und Anti-B	00

 Klinik: Kreuzprobe

Durch spezifische Testseren mit Anti-A und Anti-B kann eine Antigen-Antikörperreaktion, die **Hämagglutination** (Verklumpung), hervorgerufen werden. Diese so genannte Kreuzprobe (→ Abb. 2-12) wird z. B. vor Bluttransfusionen oder Organtransplantationen zur Feststellung der Akzeptanz durchgeführt.

Im **Major-Test** werden Spender-Erythrozyten mit Empfänger-Serum, im **Minor-Test** Spender-Serum mit Empfänger-Erythrozyten gemischt. Bei einer „Bluttransfusion" wird meistens kein Vollblut, sondern von Serum gereinigte Erythrozytenkonzentrate infundiert.

Für die **Kreuzprobe** (Major-Test) werden zum jeweiligen Anti-A- (blaue Farbe) und Anti-B-Serum (gelbe Farbe) die Spender-Erythrozyten in kleinen Testgefäßen gemischt. Tragen die Erythrozyten die Oberflächeneigenschaften, die die Antikörper erkennen können, kommt es zur Verklumpung. Dasselbe macht man bei den Erythrozyten des Empfängers, um dessen ABO-Blutgruppe zu bestimmen (zur Vereinfachung nimmt man eine kleine Probe Vollblut). Das Erythrozytenkonzentrat darf nur transfundiert werden, wenn Spender-Erythrozyten und Empfänger-Serum kompatibel sind.

2.8.2 Rhesus-System

Ein weiteres klinisch wichtiges Blutgruppensystem ist das Rhesus-System (Rh) (→ Abb. 2-13). Dabei weisen die Erythrozyten bei Rh-positiven Menschen das Antigen D auf.

 Klinik: Eine Sensibilisierung rh-negativer Mütter bei der Geburt eines ersten, Rh-positiven Kindes kann in einer späteren Schwangerschaft zur Schädigung weiterer Rh-positiver Kinder führen, weil die Antikörper plazentagängig sind.

2.9 Phospholipide als Signalstoffe

Zahlreiche Funktionen der Blutzellen beruhen auf der Kommunikation der Zellen über Phospholipide. Diese sind alle von der Arachidonsäure abgeleitet und unterteilen sich in
▶ Leukotriene zur Chemotaxis,
▶ Thromboxane zur Thrombozytenaggregation und Gefäßkonstriktion sowie
▶ Prostazykline und Prostaglandine zur Gefäßdilatation.

 Klinik: Zahlreiche Medikamente greifen in den Arachidonsäure-Stoffwechsel ein, wie z. B. die Acetyl-Salicyl-Säure (ASS), und können so z. B. als Thrombozyten-Aggregationshemmer verwendet werden.

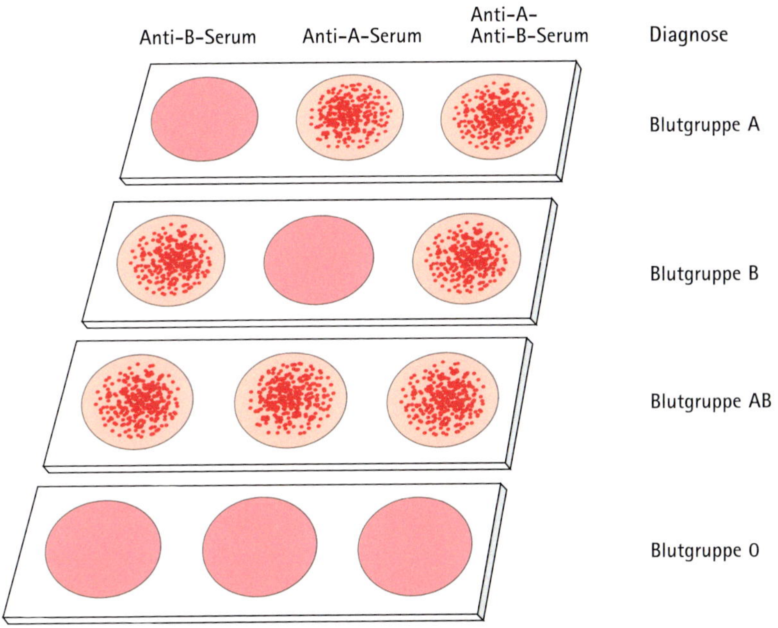

Anti-B-Serum	Anti-A-Serum	Anti-A- Anti-B-Serum	Diagnose
			Blutgruppe A
			Blutgruppe B
			Blutgruppe AB
			Blutgruppe 0

Abb. 2-12
Die Kreuzprobe dient einer schnellen Bestimmung der ABO-Blutgruppen. Zu Anti-A- und Anti-B-Antikörperlösungen wird Patientenblut zugegeben. Bei vorhandenen Oberflächenmolekülen A oder B kommt es jeweils zu einer Verklumpung. Die Kreuzprobe ist z. B. vor einer Bluttransfusion obligatorisch.

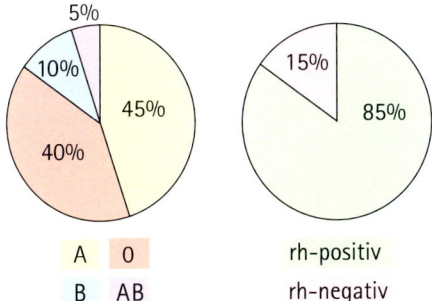

A   0   rh-positiv

B   AB   rh-negativ

Abb. 2-13
Neben zahlreichen anderen Blutgruppen spielt der Rhesusfaktor D auf der Zelloberfläche eine wichtige Rolle, besonders im Hinblick auf die Immunisierung einer Rhesus-negativen Mutter durch ein Rhesus-positives Kind für weitere Schwangerschaften mit Rhesus-positiven Kindern, die durch die Antikörper geschädigt werden können.

3

Das Herz besteht aus **zwei** rhythmischen Pumpen, die zur Druckerzeugung im Kreislauf hintereinander geschaltet sind (→ Abb. 3-1). Es ist auch ein endokrines Organ und synthetisiert u. a. den atrialen natriuretischen Faktor (ANF, ANP, Atriopeptin)

 Klinik: Röntgenuntersuchungen des Thorax sind häufig. Sie sollten frühzeitig üben, einen Röntgenthorax beurteilen zu lernen. Eine Voraussetzung dazu ist die Kenntnis der Mediastinalstrukturen und der Lage des Herzens im Thorax wie auch der wichtigsten Strukturen des Herzens..

3.1 Elektromechanische Kopplung

Die elektromechanische Kopplung der Herzaktion bezeichnet die Umsetzung der elektrischen Reizung (Erregung) der Herzmuskelzellen in eine mechanische Reaktion (Kontraktion). Durch die besonderen Zellverbindungen der Herzmuskelzellen (Gap junctions) bildet das Herz ein „funktionelles Syncytium", d. h. alle Herzmuskelzellen reagieren in ähnlicher Abfolge auf die nervalen Reize. Dadurch wird es möglich, die elektrische Herzaktivität von der Körperoberfläche als Elektrokardiogramm (→ EKG, S. 42) abzuleiten.

Das Aktionspotenzial der Herzmuskelzelle unterscheidet sich von den Aktionspotenzialen von Nerven- und Muskelzellen durch eine besonders lang dauernde Plateauphase (→ Abb. 1-9, S. 15). Diese kommt durch einen Ca^{2+}-Einstrom in die Herzmuskelzelle zustande (→ Abb. 3-2). Ca^{2+}-Ionen gelangen zum einen aus dem Extrazellulärraum durch Ca^{2+}-Kanäle in das Zytoplasma, zum anderen durch intrazelluläre Ca^{2+}-Speicher aus dem sarkoplasmatischen Retikulum (SR). Die Freisetzung von Ca^{2+}-Ionen aus dem SR wird entweder durch die aus dem Extrazellulärraum einströmenden Ca^{2+}-Ionen oder durch noradrenerge Stimulation (β-Rezeptor) getriggert. Die Ca^{2+}-Ionen binden an Troponin C, das die Kontraktion der Myofibrillen reguliert (→ Kap. 10, S. 126). Nach Ende der Kontraktion werden die Ca^{2+}-Ionen durch einen Na^+-Ca^{2+}-Austauscher wieder in den Extrazellulärraum zurückgeleitet und durch Ca^{2+}-Pumpen (so genannte SERCA = Sarko-Endoplasmatische-Retikulum-ATPase) in das SR aufgenommen.

Bedingt durch die lange Plateauphase des Aktionspotenzials besitzt die Herzmuskelzelle auch eine lange Refraktärzeit. Dadurch soll eine erneute vorzeitige Kontraktion verhindert werden, damit das Herz nicht unkoordiniert schlägt (so genannter Reentry-Mechanismus, Extrasystolen, Herzrhythmusstörungen). Die Länge der Plateauphase ist jedoch variabel und kann durch Sympathikuseinfluss reguliert werden. Die maximale Herzfrequenz liegt dadurch bei etwa 220 Schlägen/min.

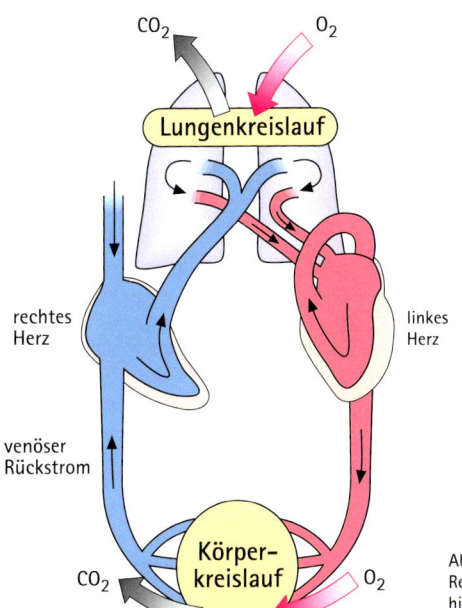

Abb. 3-1
Rechte und linke Herzhälfte arbeiten als zwei hintereinandergeschaltete Pumpen im Kreislauf.

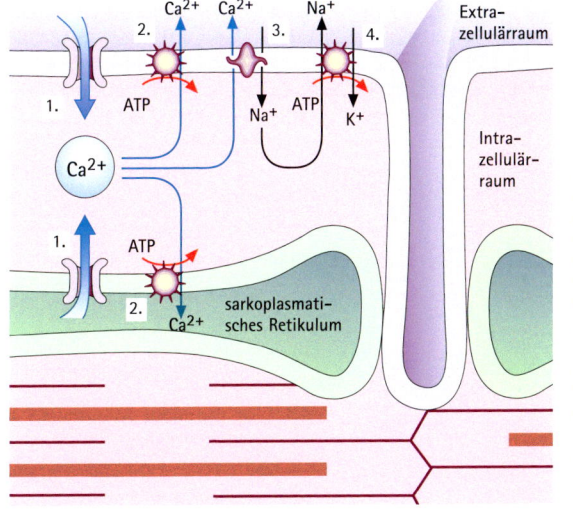

Abb. 3-2
Calcium spielt für die elektromechanische Kopplung bei der Kontraktion des Herzmuskels eine besondere Rolle. Ca^{2+} strömt druch Ionenkanäle in das Cytoplasma der Zelle sowohl aus dem Extrazellulärraum als auch aus intrazellulären Calciumspeichern des sarkoplasmatischen Retikulums.
1. Calciumkanäle
2. Ca^{2+}-ATPase
3. Na^+-Ca^{2+}-Austausch
4. Na^+-K^+-ATPase

3

3.2 Erregungs-Leitungs-System (ELS)

Spezialisierte Herzmuskelzellen sind für die Erregungsübertragung zwischen den Herzmuskelzellen verantwortlich. Sie enthalten auch mehrere autonome Schrittmacherzentren, die unter physiologischen Bedingungen hierarchisch kontrolliert werden (→ Abb. 3-3).

! **Merke!** Der Sinusknoten hat eine Eigenfrequenz von etwa 60–80 min^{-1}, der AV-Knoten von 40–50 min^{-1}, das His-Bündel und die Kammerschenkel von 30–40 min^{-1}.

Der AV-Knoten besitzt eine sehr langsame Fortleitungsgeschwindigkeit und verzögert somit die Erregungsausbreitung von den Vorhöfen in die Ventrikel. Die Fortleitung in den Ventrikeln geschieht wiederum sehr schnell durch die Purkinje-Fasern. Die Purkinje-Fasern haben auch eine besonders lange Refraktärzeit (ca. 400 ms). Dadurch wird ein Zurücklaufen der Erregungsausbreitung von den Ventrikeln in die Vorhöfe verhindert und ein Frequenzfilter zwischen Vorhöfe und Ventrikel geschaltet. Die Erregungsleitung wird durch Sympathikus und Parasympathikus moduliert.

Das Aktionspotenzial des Sinusknotens („Schrittmacherpotenzial") weist eine charakteristische Form auf (→ Abb. 3-4): Vom Ruhemembranpotenzial von -60 mV kommt es zu einem langsamen Anstieg des Membranpotenzials bis etwa -40 mV. Nachdem diese Schwelle überschritten ist, folgt die schnelle Depolarisation und eine Repolarisationsphase ohne großes Plateau. Durch vegetativen Einfluss kann die Geschwindigkeit des langsamen Anstiegs und damit der Herzfrequenz gesteuert werden.

3.2.1 Einfluss des vegetativen Nervensystems

Sowohl sympathische Fasern der Rami cardiaci aus dem sympathischen Grenzstrang als auch parasympathische Fasern des N. vagus (Hirnnerv X) innervieren das Herz. Die jeweiligen Überträgerstoffe stimulieren die Signaltransduktion in der Herzmuskelzelle: Adrenalin oder Noradrenalin aus dem Sympathikus binden an β-Rezeptoren und aktivieren dadurch intrazelluläre stimulatorische G-Proteine. Diese aktivieren die Adenylyl-Cyclase, wodurch ATP in cAMP umgesetzt wird und weitere intrazelluläre Signalwege über die Proteinkinasen aktiviert werden. Acetylcholin aus parasympathischen Fasern bindet an muskarinerge Rezeptoren und aktiviert inhibitorische G-Proteine, die die Funktion der Adenylyl-Cyclase vermindern.

! **Merke!** Der Parasympathikus innerviert nur die Vorhöfe, nicht jedoch die Ventrikel!

Tab. 3-1 Funktionen von Sympathikus und Parasympathikus am Herzen

Eigenschaft	Parasympathikus	Sympathikus
chronotrop (Frequenz)	- (Sinusknoten)	+ (Sinusknoten)
inotrop (Kontraktionskraft)	- (Vorhofmyokard)	+ (Vorhof- und Ventrikelmyokard)
dromotrop (Fortleitungsgeschw.)	- (AV-Knoten)	+ (AV-Knoten)
lusitrop (Relaxation)	kein Einfluss	+ (Kammermyokard)
bathmotrop (Reizbarkeit)	kein Einfluss	+

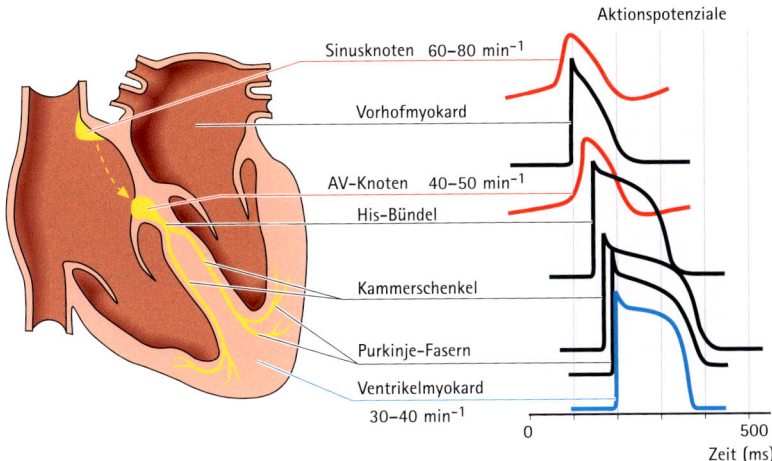

Abb. 3-3
Entlang des Erregungs-Leitungs-Systems verändert sich die Form des Aktionspotenzials. Die Hierarchie der Schrittmacher ist auch durch die einzelnen Eigenfrequenzen der jeweiligen Zentren bestimmt. Das Kammermyokard zeigt eine besonders lange Plateauphase, um eine vorzeitige zweite Erregung zu verhindern.

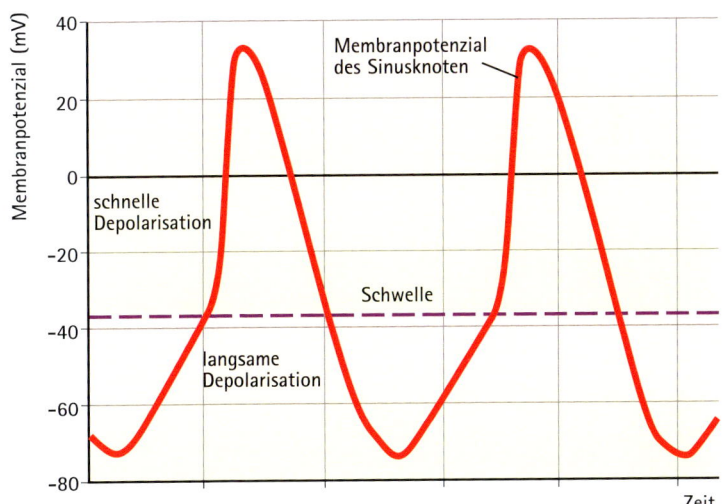

Abb. 3-4
Der Sinusknoten zeigt ein charakteristisches Schrittmacherpotenzial von etwa 60–80 min⁻¹, das durch den Einfluss des vegetativen Nervensystems verändert werden kann.

3

3.3 Elektrokardiogramm (EKG)

Die elektrische Herzaktion ist von der Körperoberfläche ableitbar. Es entstehen Spannungen im mV-Bereich. Durch standardisierte Ableitpunkte (heute durch Klebeelektroden) können dreidimensionale Bilder der Erregungsausbreitung erstellt werden.

Traditionell werden die Extremitätenableitungen I, II und III nach Einthoven und aVR, aVL und aVF nach Goldberger und die Brustwandableitungen V1–V6 nach Wilson unterschieden. Die Extremitätenableitungen spiegeln die Erregungsausbreitung in der Frontalebene, die Brustwandableitungen die in der Horizontalebene wider (→ Abb. 3-5,6).

3.3.1 Entstehung

Das Bild einer EKG-Ableitung stellt einen Summenvektor der elektrischen Aktivität dar. Es ist durch einige charakteristische Formen gekennzeichnet. Man unterscheidet Wellen, Strecken und Zacken (→ Abb. 3-7). Die Ausschläge sind oberhalb der Nulllinie (isoelektrische Linie) positiv und unterhalb der Nulllinie negativ.

Die einzelnen elektrischen Phänomene (→ Abb. 3-8):

▶ P-Welle: entsteht durch Vorhoferregung, <0,1 s
▶ PQ-Strecke: Vorhoferregung abgeschlossen, Vorhöfe sind vollständig erregt, deshalb kein Vektor, sondern Nulllinien im EKG. Normalwert für PQ-Intervall (d. h. mit P-Welle!) <0,2 s
▶ Q-Zacke: Erregung des linksventrikulären Arbeitsmyokards am Septum
▶ R-Zacke: Erregung von Septum, Endokard und Arbeitsmyokard
▶ S-Zacke: fast vollständige Erregung des Arbeitsmyokards bis auf Herzbasis
▶ ST-Strecke: vollständige Ventrikelerregung, deshalb kein Vektor, sondern Nulllinie
▶ T-Welle: Erregungsrückbildung, zuletzt erregte Strukturen werden zuerst repolarisiert → gleiche Ausbreitungsrichtung des Vektors wie P-Welle. QT-Intervall (d. h. von Beginn Q bis Ende T) ist frequenzabhängig und dauert bei 70 Schlägen/min. ca. 0,32–0,39 s
▶ U-Welle: inkonstant, vermutlich durch späte Repolarisation der Purkinje-Fasern

Erregungsrückbildung der Vorhöfe: zeitliche Äquivalenz zur R-Zacke, ungerichtet → nicht sichtbar!

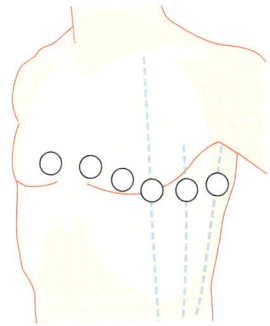

Abb. 3-5
Lage der Brustwandelektroden in den
EKG-Ableitungen nach Wilson.

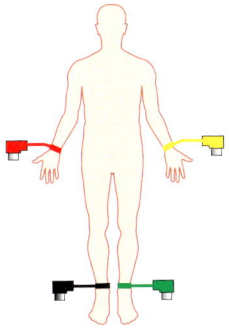

Abb. 3-6
Lage der EKG-Ableitelektroden zur Verschaltung
nach Einthoven und Goldberger.

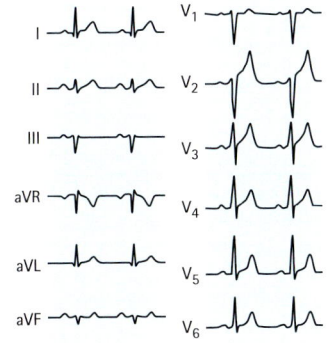

Abb. 3-7
Typische Formen des EKG
in den einzelnen
Ableitungen.

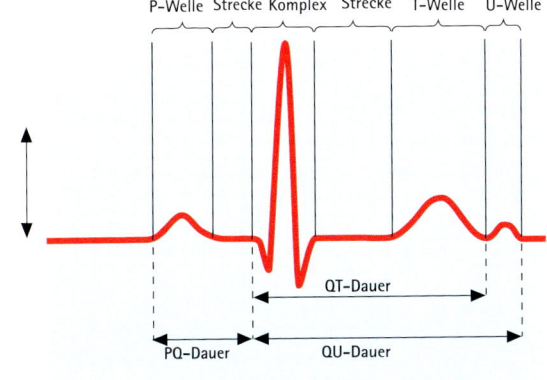

Abb. 3-8
Typische Form einer EKG-
Kurve mit P-Welle, PQ-
Strecke, QRS-Komplex,
ST-Strecke und T-Welle.
Aus der systematischen
Analyse der EKG-
Parameter können
Rückschlüsse auf die
elektrische Herzfunktion
und deren Störungen
gezogen werden.

3

3.3.2 Schnellinterpretation des EKG

Zur EKG-Interpretation empfiehlt sich ein standardisiertes Vorgehen, wobei systematisch die Form der EKG-Kurve in den einzelnen Ableitungen betrachtet wird. Folgende Punkte sollten beurteilt werden:

1. **Lagetyp** (→ Tab. 3-2): kennzeichnet die elektrische, nichtanatomische Herzachse; wird bestimmt durch die Richtung des maximalen Herzvektors in der Frontalebene

   Je nach Winkel im Cabrera-Kreis (→ Abb. 3-9) wird ein bestimmter Lagetyp zugeordnet: überdrehter Linkstyp (ÜLT) <-30°, Linkstyp (LT) -30° bis 0°, Horizontaltyp (HT) 0° bis 30°, Normaltyp (NT) 30° bis 60°, Steiltyp (ST) 60° bis 90°, Rechtstyp (RT) 90° bis 120°, überdrehter Rechtstyp (ÜRT) >120°.

   Zur Schnellbestimmung des Lagetyps eignen sich die Nettoflächen in den Ableitungen I, II und III (→ Abb. 3-10).

Tab. 3–2 Bestimmung des Lagetyps nach den Extremitätenableitungen

Ableitung nach Einthoven	ÜLT	LT	HT, NT	ST	RT	ÜRT
I	+	+	+	+	-	-
II	-	+	+	+	+	
III	-	-	+	+	+	
zusätzlich aVL oder aVR			aVL +	aVL -		aVR +

2. **Rhythmus**: Zur Rhythmusanalyse gehört zunächst die Frequenzbestimmung. Dazu wird der Abstand von drei aufeinander folgenden R-Zacken gemessen (Schnellbestimmung, → Abb. 3-11). Durch die Eichung der Schreibergeschwindigkeit kann die Zeit errechnet werden. Der Kehrwert ergibt die Herzfrequenz, die für drei Schläge gemittelt werden muss (wg. physiologischer Rhythmusschwankungen, z. B. durch Atmung). Dann wird das frequenzgebende Rhythmuszentrum bestimmt. Ein **Sinusrhythmus** liegt vor, wenn eine P-Welle dem QRS-Komplex vorangeht.

   Vorsicht: Bei einem AV-Block oder Schenkelblock ist ebenfalls eine P-Welle sichtbar, diese liegt jedoch unregelmäßig vor, nach oder im QRS-Komplex. In letzterem Fall ist sie nicht sichtbar, kann jedoch in einem längeren Papierstreifen gesehen werden.

   Sehr schnelle Herzfrequenzen werden als **Tachykardie** (>80 min⁻¹), sehr langsame Frequenzen als **Bradykardie** (<60 min⁻¹) bezeichnet. Bei einer Frequenz von 200–350 min⁻¹ spricht man von (Vorhof- oder Kammer-)Flattern, bei >350 min⁻¹ von Flimmern. Bei diesen Frequenzen ist eine normale Pumpfunktion nicht mehr möglich. Vorhofflimmern kann jedoch oft durch die Ventrikelfunktion kompensiert werden. Häufig kommt es bei Vorhofflimmern zur Thrombenbildung, bei deren Loslösung Organinfarkte, besonders ein Schlaganfall, auftreten können.

 Klinik: Wichtige tachykarde Rhythmusstörungen können durch genetische Syndrome bedingt sein, z. B. Wolff-Parkinson-White-(WPW-)Syndrom. Hierbei kommt es durch Kurzschlüsse im ELS zu kreisenden Erregungen im Ventrikel, wodurch die Pumpfunktion gefährlich eingeschränkt wird.

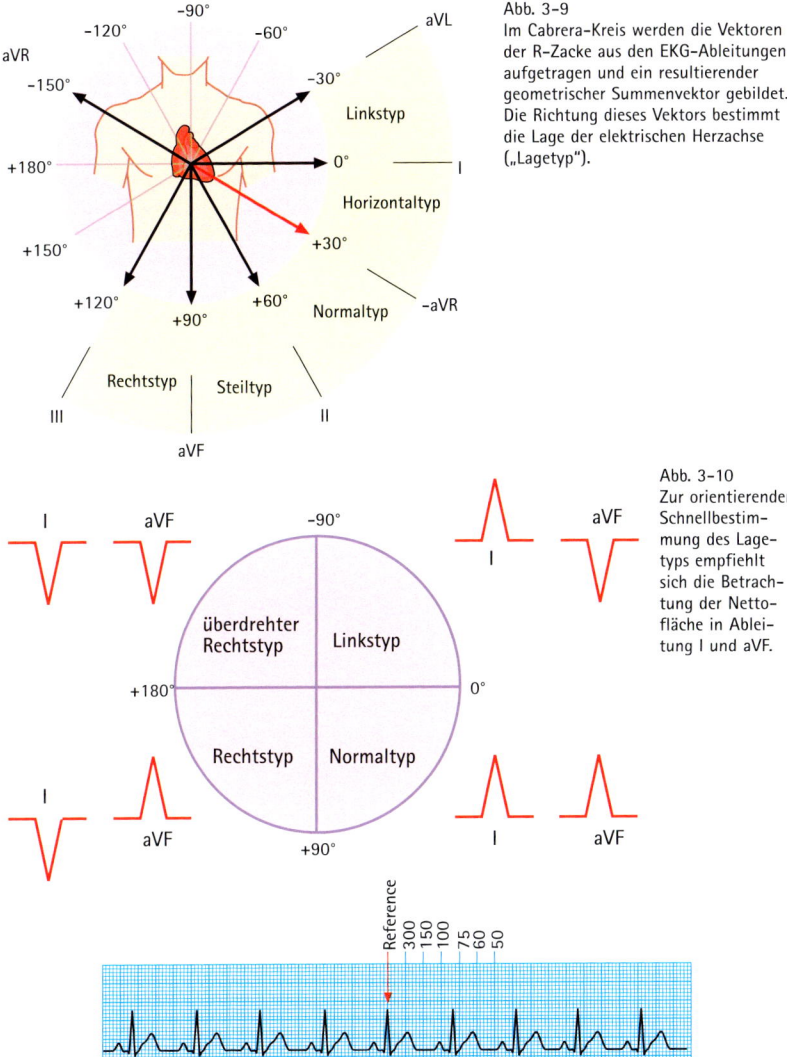

Abb. 3-9
Im Cabrera-Kreis werden die Vektoren der R-Zacke aus den EKG-Ableitungen aufgetragen und ein resultierender geometrischer Summenvektor gebildet. Die Richtung dieses Vektors bestimmt die Lage der elektrischen Herzachse („Lagetyp").

Abb. 3-10
Zur orientierenden Schnellbestimmung des Lagetyps empfiehlt sich die Betrachtung der Nettofläche in Ableitung I und aVF.

Abb. 3-11
Zur schnellen Abschätzung eignet sich die Kästchen-Eichung des Schreiberpapiers: Jedem Kästchen wird eine Frequenz in absteigender Reihenfolge zugeordnet, vom Startpunkt aus 300, 150, 100, 75, 60, 50. Auf den Startpunkt wird eine R-Zacke gelegt und dann abgeschätzt, wann die zweite R-Zacke auftritt. Hier im Beispiel ist dies bei 80/min der Fall. Dies gilt bei einer Schreibergeschwindigkeit von 25 mm/s (oft in GB und USA), in D meist 50 mm/s.

3

3. **P-Welle**: Bestimmung des Sinusknotens als Schrittmacher
4. **PQ-Zeit**: Ausmessen des PQ-Intervalls, verlängerte Zeiten deuten auf einen AV-Block hin.
5. **QRS-Komplex**: Die Dauer des QRS-Komplexes ist bei einem Schenkelblock verlängert. Es kommt zu typischen Formveränderungen, wenn das Schrittmacherzentrum im AV-Knoten oder in den Kammerschenkeln liegt. Auch eine alte Infarktnarbe ist durch den Verlust der R-Zacke und eine tiefe Q-Zacke gekennzeichnet.
6. **ST-Strecke**: Durchblutungsstörungen des Herzmuskels führen zu einer veränderten Erregungsausbreitung in den betroffenen Zellen. Die ST-Strecke kann angehoben oder abgesenkt sein. Meistens ist die ST-Strecke durch eine transmurale Ischämie stark erhöht. Eine Innenschichtischämie (subendokardialer Infarkt) führt dagegen meistens zu einer ST-Strecken-Senkung.
7. **T-Welle**: Beurteilung der Repolarisationsfähigkeit und zusätzliche Bestimmung von Ischämiezeichen.

3.4 Herzmechanik

3.4.1 Systole und Diastole

> **!** **Merke!** Die mechanische Herzaktion besteht aus zwei Phasen: der Systole und der Diastole. Die Systole besteht aus einer Anspannungs- und einer Austreibungsphase, die Diastole aus einer Entspannungs- und einer Füllungsphase (→ Abb. 3-12).

Zu Beginn der Systole sind alle Herzklappen geschlossen. Die Aortenklappe öffnet sich erst, wenn der Druck im linken Ventrikel den Druck in der Aorta übersteigt. Damit beginnt die Austreibungsphase. Wenn der Druck im linken Ventrikel unter den Aortendruck gefallen ist, schließt die Aortenklappe und die Entspannung der Herzmuskulatur setzt ein. Durch Öffnung der Mitralklappe füllt sich der linke Ventrikel wieder und der Herzzyklus kann von neuem beginnen. (→ Kap. 3.4.3, S. 48)

3.4.2 Kontraktionsformen des Muskels

Ähnlich wie beim Skelettmuskel lassen sich beim „Hohlmuskel" Herz vier Kontraktionsformen voneinander abgrenzen (→ Abb. 3-13, vgl. Kap. 10, S. 130):

1. Isovolumetrische (bzw. isometrische) Kontraktion: nur Druckaufbau, Muskellänge bzw. Blutvolumen im Herzen bleibt gleich
2. Isobare (bzw. isotone) Kontraktion: nur Muskelverkürzung bzw. Volumenauswurf, keine Druckänderung
3. Auxobare (bzw. auxotone) Kontraktion: sowohl Muskelverkürzung bzw. Volumenauswurf als auch Druckänderung
4. Unterstützungskontraktion: Aufeinanderfolgen von Druckaufbau und Muskelverkürzung bzw. Volumenauswurf. Dies ist die normale Kontraktionsform des Herzens mit intakten Herzklappen.

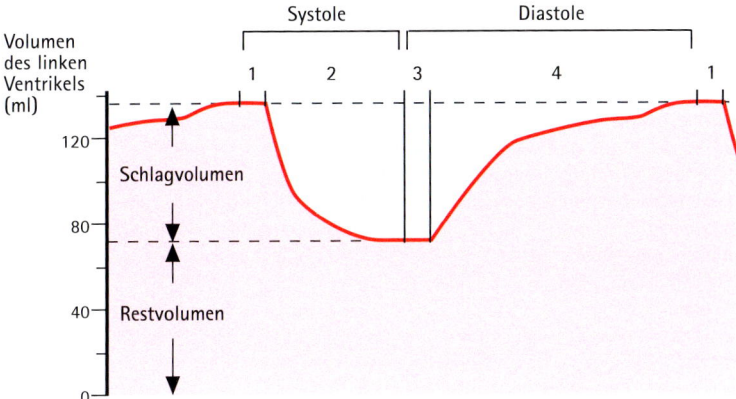

Abb. 3-12
Die Herzaktion zerfällt in die Systole mit Anspannungs- (1) und Austreibungsphase (2) und die Diastole mit Erschlaffungs- (3) und Füllungsphase (4). Beginn und Ende der jeweiligen Phase ist durch die Funktion der Herzklappen bestimmt.

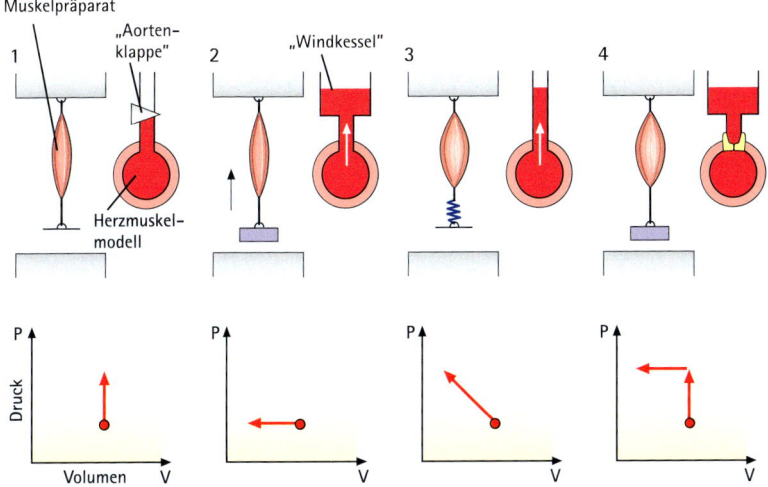

Abb. 3-13
Die Kontraktion des Herzens als Hohlmuskel kann durch vier Kontraktionsformen beschrieben werden: isovolumetrische (1), isobare (2), auxobare (3) und Unterstützungskontraktion (4).

3

3.4.3 Druck-Volumen-Diagramm (Frank-Starling-Mechanismus)

Im Druck-Volumen-Diagramm werden die Drücke von verschiedenen Füllungsvolumina des Herzens aufgetragen (→ Abb. 3-14).
Strecken und Punkte:

▸ Systole:
- AB: Isovolumetrische Anspannungsphase, alle Klappen geschlossen!
- B: Öffnung der Aortenklappe → Aortendruck
- BC: Austreibungsphase (auxoton)

▸ Diastole:
- CD: isovolumetrische Entspannungsphase, alle Klappen geschlossen!
- DA: Füllungsphase

Es ergeben sich drei Maxima-Kurven:

▸ Die Ruhe-Dehnungs-Kurve (RDK) beschreibt den jeweiligen Druck, der im Ventrikel durch das enddiastolische Volumen (EDV) erzeugt wird.

▸ Die Kurve der isobaren Maxima entsteht durch den Druck des endsystolischen Volumens (ESV).

▸ Die Kurve der isovolumetrischen Maxima kommt durch den isovolumetrischen Druck zustande.

Ausgehend von der Ruhe-Dehnungs-Kurve (A) wird zunächst Druck im Ventrikel aufgebaut (AB). Wenn der Druck im Ventrikel den Druck in der Aorta übersteigt, öffnet sich die Aortenklappe (B). In der folgenden Austreibungsphase sinkt der Druck im Ventrikel proportional zum Volumen (BC) bis durch die Druckveränderungen die Aortenklappe schließt (C). Geometrisch kann dieser Punkt bestimmt werden, indem AB verlängert wird bis die Kurve der isovolumetrischen Maxima erreicht ist (B') und von A eine waagerechte Linie bis zur Kurve der isobaren Maxima gezogen wird (A'). Die Verbindung von A' und B' heißt U-Kurve (Unterstützungskurve). C liegt auf der U-Kurve. Jetzt sinkt der Druck im Ventrikel, ohne dass das Volumen reduziert wird (CD) bis die Ruhe-Dehnungs-Kurve wieder erreicht ist (D). Durch die folgende Herzfüllung steigt das intraventrikuläre Volumen, während der Druck nur geringfügig (entlang der Ruhe-Dehnungs-Kurve) ansteigt (DA).

Ein vollständiger Umlauf ABCD entspricht einem Herzzyklus. Die Fläche, die durch das Viereck eingeschlossen wird, ist gleich der Herzarbeit. Veränderungen der Geometrie des Druck-Volumen-Diagramms weisen deshalb auf Veränderungen der Herzarbeit hin (→ Herzinsuffizienz, S. 52).

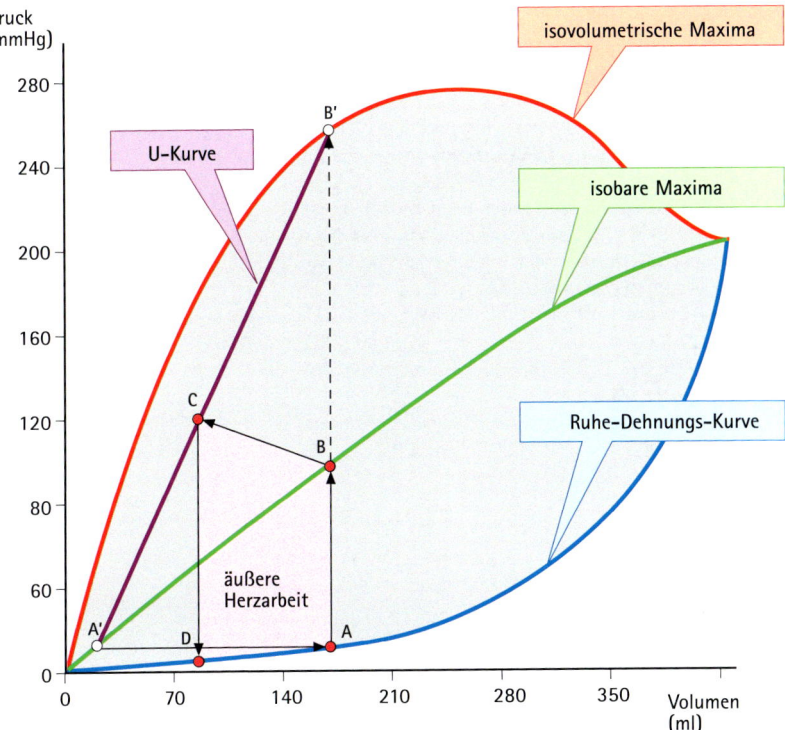

Druck
(mmHg)

isovolumetrische Maxima

U-Kurve

isobare Maxima

Ruhe-Dehnungs-Kurve

äußere
Herzarbeit

Volumen
(ml)

Abb. 3-14
Im Druck-Volumen-Diagramm werden die Punkte der jeweiligen Maximalwerte für die einzelnen Kontraktionsformen sowie der Druck bei Füllung ohne Kontraktion (Ruhedehnung) aufgetragen. Die Herzarbeit ist
dabei als Fläche zwischen den Verbindungspunkten eines Herzzyklus definiert. Durch das Druck-Volumen-
Diagramm lassen sich sehr gut physiologische Zusammenhänge wie z. B. der Frank-Starling-Mechanismus
oder die Sympathikus-Wirkung sowie pathologische Veränderungen z. B. bei Herzinsuffizienz erklären.

3

3.5 Hämodynamik

Durch eine Volumenbelastung z. B. durch Niereninsuffizienz oder vermehrte Flüssigkeits-aufnahme kommt es zu einer Erhöhung der Vorlast (Preload) des Herzens. Dadurch steigt das enddiastolische Volumen (EDV). Gemäß der Druck-Volumen-Kurve hat dies auch eine Erhöhung des Schlagvolumens (SV) zur Folge, womit auch das Herzminutenvolumen ansteigt.

Bei einer Druckbelastung, z. B. durch arterielle Hypertonie, ist dagegen die Nachlast (Afterload) des Herzens erhöht. Dies spiegelt sich meistens in einem erhöhten Aortendruck wider. Aus dem Druck-Volumen-Diagramm folgt eine Verminderung des Schlagvolumens und damit eine Abnahme des Herzminutenvolumens.
Der direkte Einfluss von Vorlast und Nachlast auf das **Herzminutenvolumen** (HMV) lässt sich aus dessen Definition als
HMV = SV • HF (HF: Herzfrequenz) herleiten (→ Kap. 4, S. 70).

Ein weiterer wichtiger Punkt für die Funktion des Herzens beschreibt die Beziehung zwischen der Wandspannung des Ventrikels und dem Druck im Ventrikel. Das **Laplace-Gesetz** beschreibt diese Beziehung:

$$K = \frac{P \cdot r}{2 \cdot d}$$

K: Wandspannung; P: Innendruck; r: Innenradius; d: Wanddicke

Diese Gleichung gilt für den Ventrikel als idealisierte Kugel. Für das Gefäßsystem müssen bestimmte Modifikationen eingeführt werden (→ Kap. 4, S. 60). Mit dem Laplace-Gesetz lassen sich die hämodynamischen Veränderungen bei Dilatation („Ausleiern") oder Hypertrophie (Zunahme der Wanddicke) des Ventrikels bei zahlreichen Erkrankungen erklären.

3.6 Herztöne

Durch die Vorhof- und Kammerfüllung entstehen auch Geräusche, die durch ein Stethoskop abgehört werden können. Die Phonokardiographie zeichnet diese Geräusche graphisch auf (→ Abb. 3-15). Im Normalfall lassen sich zwei Herztöne voneinander trennen.

Der erste Herzton entspricht dem Beginn der Systole und kommt durch die Muskelanspannung beim Schluss der Atrioventrikulärklappen um den mit Blut gefüllten Ventrikel zustande. Der zweite Herzton entspricht dem Beginn der Diastole und kommt durch den Klappenschluss von Aorten- und Pulmonalklappe zustande. Bei tiefer Inspiration kann man den zweiten Herzton oft „gespalten" hören, d. h. man kann den Aorten- vom Pulmonalklappenschluss trennen.

 Klinik: Pathologische Herzgeräusche basieren auf Strömungsphänomenen durch Klappenstenosen (Verengungen, z. B. angeboren oder durch Arteriosklerose oder Entzündung erworben) oder Klappeninsuffizienzen („Klappen leiern aus", z. B. durch arterielle Hypertonie) (→ Abb. 3-16). Die wichtigsten Formen sind die Aortenklappenstenose und -insuffizienz und die Mitralklappenste-nose und -insuffizienz.

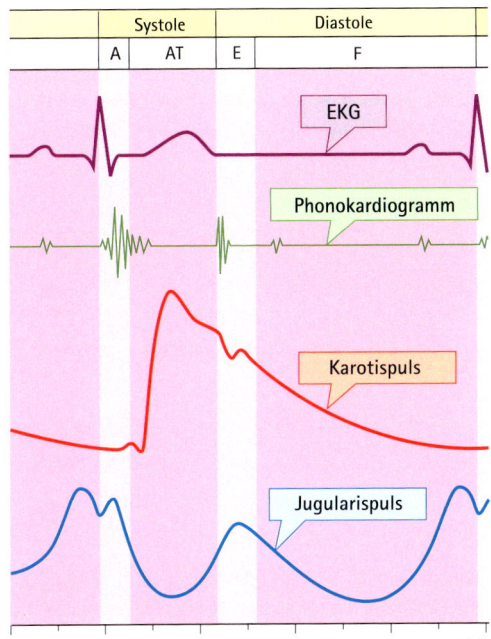

	Systole		Diastole	
	A	AT	E	F

Abb. 3-15
Elektrische Herzfunktion (EKG) und
mechanische Herzfunktion (Kon-
traktion) hängen eng zusammen.
Neben den Geräuschphänomenen im
Phonokardiogramm laufen auch die
Kreislaufparameter Karotispuls und
Jugularispuls parallel dazu.
A: Anspannung
AT: Austreibung
E: Entspannung
F: Füllung

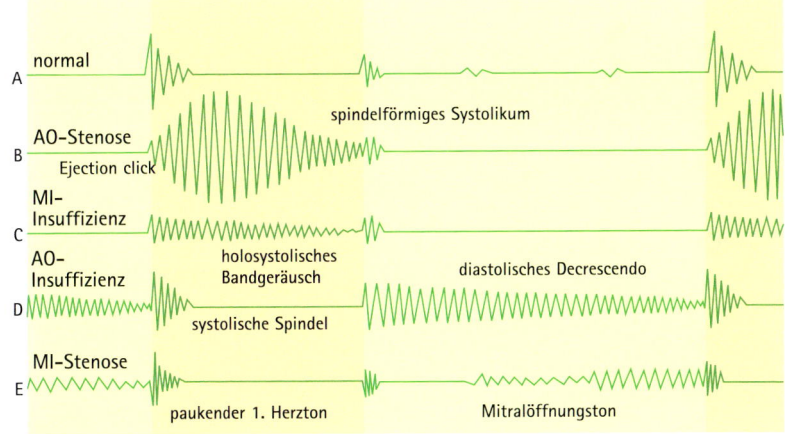

Abb. 3-16
Durch Auskultation mit einem Stethoskop lassen sich typische pathologische Herzgeräusche feststellen und
der gestörten Funktion auch anatomisch zuordnen.

3

3.7 Klinischer Ausblick: Herzinsuffizienz

Als Herzinsuffizienz wird der Zustand bezeichnet, in dem das Herz seine Aufgaben nicht mehr ausreichend erfüllen kann (Stadieneinteilung, → Tab. 3-3). Dies betrifft hauptsächlich eine ausreichende Pumpfunktion, um Blutdruck und Organdurchblutung zu garantieren. Ursachen können sein:

▶ Entzündungen oder Durchblutungsstörungen (Koronare Herzkrankheit: Angina pectoris oder Myokardinfarkt)
▶ arterielle Hypertonie
▶ Cardiomyopathien
▶ Medikamente (β-Rezeptoren-Blocker, Calciumantagonisten, bestimmte Antiarrhythmika)

Als Risikofaktoren gelten:
▶ Hypertonie
▶ Arteriosklerose
▶ Übergewicht
▶ Fettstoffwechselstörungen
▶ Rauchen
▶ Diabetes mellitus

Circulus vitiosus der Herzinsuffizienz (→ Abb. 3-17)
Das „Vorwärtsversagen" des Herzens bedeutet, dass seine Auswurfleistung nicht mehr ausreicht, Herzminutenvolumen und Blutdruck aufrechtzuerhalten, um das periphere Gewebe adäquat zu versorgen. Dadurch kommt es zur Sympathikusaktivierung, zur Ausschüttung von ADH aus der Hypophyse und Aktivierung des Renin-Angiotensin-Aldosteron-Mechanismus (→ Kap. 4, S. 66). Die erhöhte Retention von Wasser und Natrium sowie die Ausschüttung von gefäßkonstriktiven Substanzen wie Angiotensin I erhöhen Vorlast und Nachlast des Herzens, wodurch sich die Herzinsuffizienz verstärkt.

Tab. 3-3 Klassifikation der New York Heart Association (NYHA)

Stadium	Symptome
NYHA I	keine Einschränkung der körperlichen Belastbarkeit
NYHA II	leichte Einschränkung der körperlichen Belastbarkeit mit Erschöpfung, Rhythmusstörungen, Dyspnoe oder Angina pectoris bei stärkerer körperlicher Belastung
NYHA III	Einschränkung der körperlichen Belastbarkeit bei schwererer Tätigkeit mit Erschöpfung, Rhythmusstörungen, Dyspnoe oder Angina pectoris, jedoch keine Symptome in Ruhe
NYHA IV	Beschwerden auch in Ruhe

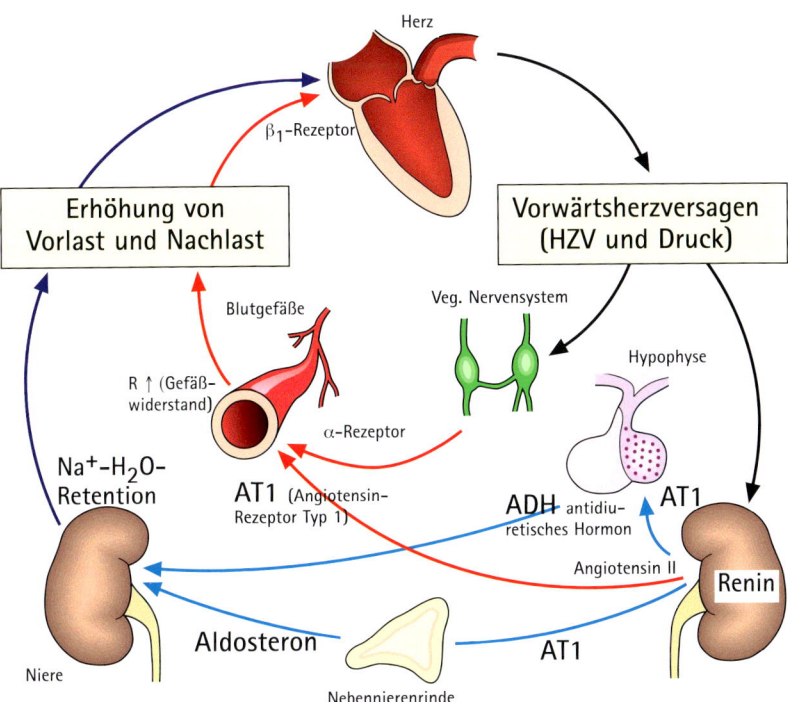

Herz

β_1-Rezeptor

Erhöhung von
Vorlast und Nachlast

Vorwärtsherzversagen
(HZV und Druck)

Blutgefäße

Veg. Nervensystem

Hypophyse

R ↑ (Gefäß-
widerstand)

α-Rezeptor

Na⁺-H₂O-
Retention

AT1 (Angiotensin-
Rezeptor Typ 1)

ADH antidiu-
retisches Hormon

AT1

Angiotensin II

Renin

Aldosteron

AT1

Niere

Nebennierenrinde

Abb. 3-17
Im Circulus vitiosus der Herzinsuffizienz verstärkt sich das Herzversagen durch andauernde Gegenregulation von Kreislauf und Niere, um mit erhöhtem Druck durch Füllung und Gefäßwiderstand das insuffiziente Herz zu „unterstützen". Dadurch steigt die Herzbelastung aber nur noch mehr an. Der Circulus vitiosus muss dann medikamentös durchbrochen werden.

4

4.1 Aufgaben des Kreislaufs

Der Blutkreislauf ermöglicht zahlreiche Funktionen im Körper.
1. Transport von
   ▶ Sauerstoff,
   ▶ Nährstoffen,
   ▶ Hormonen,
   ▶ Abfallprodukten und
   ▶ Zellen über große Entfernungen (>0,1 mm, für Diffusion zu langsam)
2. Sicherung der adäquaten Körperkerntemperatur
3. Erzeugen des Kapillardrucks
   ▶ zur Filtration in der Niere,
   ▶ zum Flüssigkeitsaustausch zwischen intravasalem und interstitiellem Raum

4.2 Besonderheiten des fetalen Kreislaufs

Der fetale Kreislauf weist gegenüber dem erwachsenen Kreislauf einige Besonderheiten auf (→ Abb. 4-1, 2). Da die Funktion der Lungen (Gasaustausch für O_2 und CO_2) von der Plazenta übernommen wird, sind die Lungen nicht entfaltet. (Sie entfalten sich erst beim ersten Atemzug.) Dadurch ist der Gefäßwiderstand in den Lungen besonders hoch und es strömt nur wenig Blut durch die Lungengefäßbahnen.

Da das Blut vom rechten Ventrikel trotzdem in die Pulmonalarterie gepumpt wird, muss also ein Kurzschluss (Shunt) zwischen Lungen- und Körperkreislauf bestehen. Dies ist zum einen der Ductus arteriosus (Botalli) zwischen Pulmonalarterie und Aorta und das Foramen ovale zwischen rechtem und linkem Vorhof.
Nach der Geburt sinkt der Lungengefäßwiderstand mit dem ersten Atemzug rapide ab. Dadurch schließt sich das Foramen ovale zunächst funktionell durch die plötzlich veränderten Druckverhältnisse. Mit der Zeit wächst es zu und ist damit auch anatomisch geschlossen.
Außerdem schließt sich der Ductus arteriosus (Botalli), indem es durch die Druckänderungen zu einer Flussumkehr zwischen Aorta und Pulmonalarterie kommt. Dadurch werden spiralförmige Muskeln aktiviert, die den Ductus arteriosus schließen. Auch hier wird mit der Zeit der Durchgang anatomisch geschlossen (Obliteration).

Durch die Vermischung von oxygeniertem Plazentablut mit dem venösen fetalen Blut besteht das Blut im Körperkreislauf des Fetus aus arteriovenösem Mischblut. Der Fetus muss daher mit einer konstanten Sauerstoffmangelversorgung fertig werden (Hypoxie), was aber einen Stimulus für das Wachstum darstellt. Gleichzeitig unterscheidet sich das Hämoglobin des Fetus in Struktur und Funktion von dem des erwachsenen. Das fetale Hämoglobin (HbF) zeigt eine andere Charakteristik der Sauerstoffbindung. O_2 kann bei niedrigen Partialdrücken leichter aufgenommen, aber auch leichter wieder abgegeben werden (→ auch Sauerstoffbindungskurve, Kap. 5, S. 80).

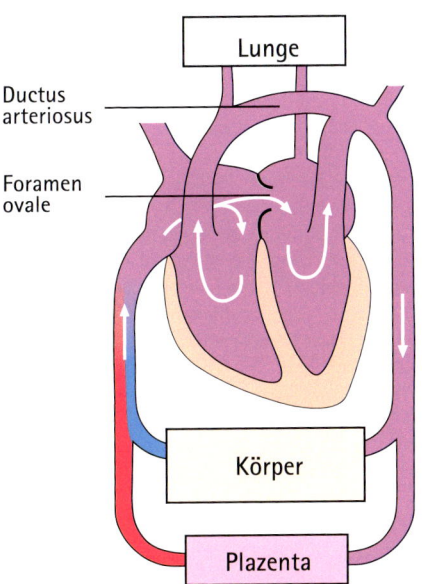

Ductus
arteriosus

Foramen
ovale

Abb. 4–1
Im fetalen Kreislauf sind rechte und linke Herzhälfte nicht hintereinander, sondern durch Kurzschlüsse (Shunts) parallel geschaltet.

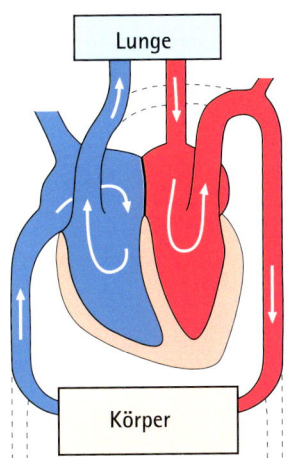

Abb. 4–2
Durch Veränderung der Drücke im Lungenkreislauf verschließen sich die Kurzschlüsse im Gefäßsystem nach der Geburt und die rechte und linke Herzhälfte werden hintereinander geschaltet.

4

4.3 Blutdruckmessung und Pulsdruckkurve

4.3.1 Blutdruckmessung nach Riva-Rocci und Korotkoff

Zur blutigen Blutdruck-Messung wird ein Drucksensor durch eine Punktionsstelle in eine Arterie eingeführt. Dies ist besonders für eine kontinuierliche Aufzeichnung des Blutdrucks wie z. B. im OP oder auf Intensivstationen sinnvoll.

Im Gegensatz dazu ermöglicht die Blutdruckmessung nach Riva-Rocci und Korotkoff eine unblutige Messung (→ Abb. 4-3). Eine Staumanschette wird um eine Extremität gelegt (meist Oberarm) und über den systolischen Blutdruck aufgepumpt (d. h. bis zum Verschwinden des gleichzeitig getasteten Pulses an der A. radialis). Nun wird die Luft aus der Staumanschette langsam abgelassen. Mit einem Stethoskop wird über der Ellenbeuge gehorcht. Sobald der systolische Blutdruck größer wird als der Manschettendruck, kann Blut unter der Staumanschette durchströmen und es treten charakteristische Strömungsgeräusche auf. Dieser Zeitpunkt markiert den systolischen Blutdruck. Wenn die Stenosegeräusche plötzliche leiser werden, ist der diastolische Blutdruck erreicht.

> [!] **Merke!** Hauptsächliche Fehlerquelle bei der Messung ist eine unangemessene Manschettenbreite Mit einer für den Armumfang zu schmalen Manschette (z. B. bei adipösen Patienten) misst man einen zu hohen Blutdruck, da das Blut früher unter der Manschette durchfließt. Bei einer zu breiten Manschette (z. B. Erwachsenenmanschette bei Kinderärmchen) misst man einen zu niedrigen Blutdruck, da das Blut länger braucht, um unter der Manschette hindurch zu kommen.

4.3.2 Strömungsgesetze

Das arterielle System entspricht physikalisch gesehen parallel geschalteten Widerständen, die durch die einzelnen Organe repräsentiert werden. Das Herzminutenvolumen (HMV) stellt dabei die Stromstärke dar. Der Blutdruck entspricht der Spannung. Entscheidender als der Druck ist die Stromstärke (HMV) für die Organversorgung. Dabei kommt es zu Umverteilungsvorgängen je nach Bedarf der Organe. Die Feineinstellung der jeweiligen Organdurchblutung geschieht durch Vasokonstriktion und -dilatation der Arteriolen. Die Stromstärke ist dabei durch das Hagen-Poiseuille-Gesetz definiert (→ Abb. 4-4):

$$I = \frac{V}{t} = \frac{\Delta p \cdot \pi \cdot r^4}{8 \, \eta \, l}$$

I: Stromstärke ; V: Volumen; t: Zeit; Δp: Druckdifferenz; η: Viskosität; r: Radius; l: Gefäßlänge

Nach dem Ohm'schen Gesetz: $R = \dfrac{\Delta p}{I}$ folgt daraus $R \sim \dfrac{1}{r^4}$

Dies bedeutet, dass bei einer Gefäßverengung z. B. um Faktor 2, der Widerstand in diesem Gefäß um das 8-fache (2^4) ansteigt. Besonders bei Arteriosklerose und der damit verbundenen Durchblutungsminderung ist dieser einfache physikalische Zusammenhang entscheidend für den Grad der Schädigung.

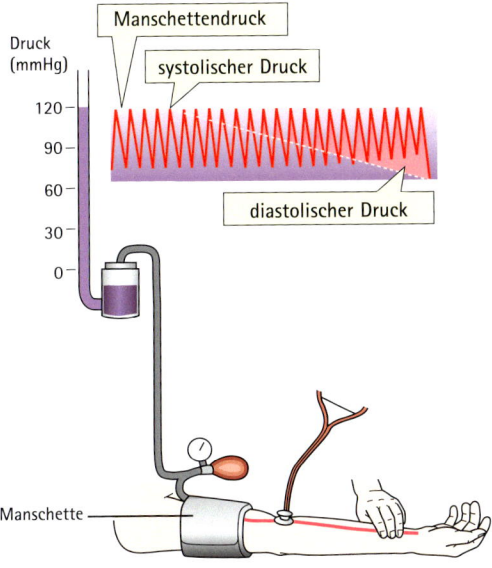

Abb. 4-3
Bei der unblutigen Blutdruckmessung nach Riva-Rocci und Korotkoff wird der Manschettendruck über den systolischen Blutdruck der Armarterie aufgeblasen und langsam abgelassen. Während der Blutpassage unter der Manschette treten Strömungsgeräusche auf, mit denen systolischer und diastolischer Blutdruck bestimmt werden.

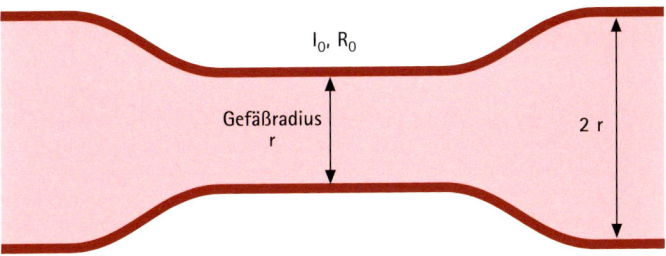

Abb. 4-4
Das Hagen-Poiseuille-Gesetz definiert den Zusammenhang zwischen Gefäßradius und Strömungswiderstand bzw. Stromstärke. Wichtig ist dabei, dass der Radius in der 4. Potenz (r^4) in die Gleichung eingeht, d. h. eine Verdopplung (Faktor 2) des Radius führt zu 16-facher (2^4) Stromstärke und 1/16 des Ausgangswiderstands.

$$I = 16 \cdot I_0 \sim r^4 \qquad R = \frac{1}{16} \cdot R_0 \sim \frac{1}{r^4}$$

4

4.3.3 Windkesselfunktion der großen Arterien

Da das Blut pulsatorisch aus dem Ventrikel ausgeworfen wird, müsste der Druck in der Aorta und den nachfolgenden Arterien eigentlich sehr stark schwanken. Durch die Dehnbarkeit der Gefäße (Volumenelastizität, $\Delta V/V$) kann jedoch ein bestimmtes Blutvolumen in den Arterien aufgefangen werden, ohne dass es zu sofortigen Druckänderungen kommt ($\rightarrow$ Abb. 4-5). Dieses Volumen wird nun kontinuierlich in das arterielle System abgegeben. Ähnlich einer alten Feuerwehrdruckpumpe wird somit ein kontinuierlicher Blutstrom gewährleistet, ohne dass es zu sehr großen Blutdruckschwankungen kommt. Dieser Mechanismus dient auch der Arbeitserleichterung des Herzens.

4.3.4 Pulsdruckkurve

Die Blutdruckkurve unterliegt pulsatorischen Schwankungen. Neben den Druckschwankungen durch die Herztätigkeit kommen diese besonders durch die Atmung zustande. Durch den verminderten intrathorakalen Druck während der Inspiration kann mehr Blut zum Herzen zurückfließen, durch den erhöhten Füllungsdruck kommt es zu einem erhöhten Schlagvolumen und einem Blutdruckanstieg (Frank-Starling-Mechanismus, $\rightarrow$ Kap. 3, S. 48). Zudem unterliegt der Blutdruck einer zirkadianen Rhythmik mit einem Maximum am frühen Nachmittag und einem Minimum um etwa 3 Uhr morgens.

Als Blutdruckamplitude wird die Differenz zwischen systolischem und diastolischem Blutdruck bezeichnet ($\rightarrow$ Abb. 4-6).

Außerdem wird die Pulsdruckwelle am Ende des arteriellen Systems reflektiert. Es kommt zu einer gegenläufigen Druckwelle von der Gefäßwand zurück zur Aortenklappe mit erneuter Reflexion an der Aortenklappe und rechtläufiger zweiter Druckwelle. Diese zweite Druckwelle ist als dikrote Welle in der arteriellen Pulskurve zu sehen ($\rightarrow$ Abb. 4-6).

Durch zentralnervöse Reflexe während der Atmung steigt der Blutdruck kurzfristig in der Inspirationsphase an und fällt in der Exspirationsphase ab ($\rightarrow$ Abb. 4-7).

4.3.5 Klinischer Ausblick: Pulmonaliskatheter

Durch eine große zentrale Vene kann ein Katheter durch den rechten Vorhof und den rechten Ventrikel bis in die Pulmonalarterie vorgeschoben werden. Ein solcher Pulmonaliskatheter enthält mehrere Schläuche und Kabel für eine Temperatursonde (zur Bestimmung des Herzminutenvolumens, $\rightarrow$ S. 70), für Injektionen, zur Bestimmung der O_2-Sättigung, für eine Druckmessung und zum Aufpumpen eines kleinen Ballons an der Katheterspitze.

Die Lokalisation des Katheters kann durch Gabe von Röntgenkontrastmittel durch den Injektionsschlauch sichtbar gemacht oder durch Kenntnis des Druckverlaufs abgeschätzt werden. Durch Aufpumpen des Ballons und damit durch Verschluss eines Pulmonalisastes kann quasi „vorausschauend" der Druck im linken Vorhof gemessen werden (wedge pressure).

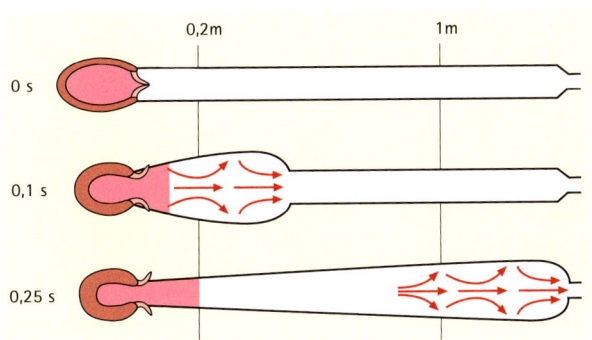

Abb. 4-5
Die elastischen Eigenschaften der Aorta („Windkesselfunktion") sollen für einen Ausgleich zwischen den Blutdruckschwankungen durch die pulsatile Herzaktion und für eine möglichst gleichmäßige Organdurchblutung sorgen.

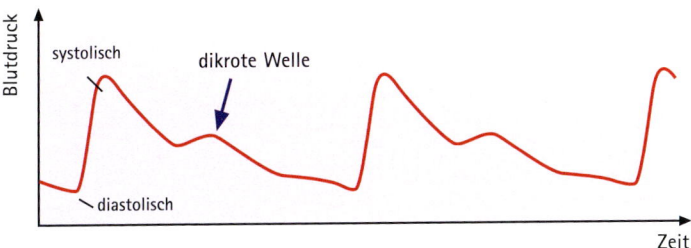

Abb. 4-6
Die Druckpulswelle wird erst im Gefäßsystem und danach wieder an den Herzklappen reflektiert, so dass ein zweites Wellenmaximum auftritt, das als dikrote Welle bezeichnet wird.

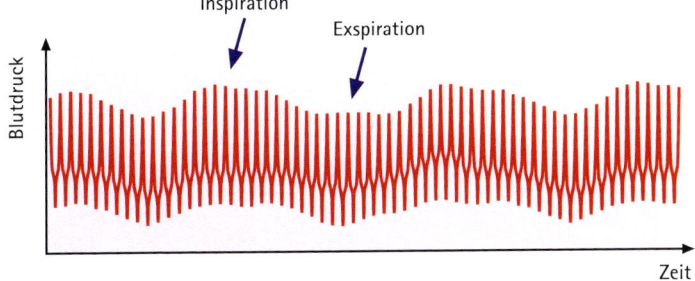

Abb. 4-7
Als respiratorische Arrhythmie wird ein Anstieg von Pulsfrequenz und Blutdruck während der Inspiration und ein Abfall während der Exspiration bezeichnet.

4

4.3.6 Arterieller Mitteldruck (MAP)

Der MAP ist definiert als geometrischer Mittelwert der Blutdruckkurve (→ Abb. 4-8). Dabei sollen gleiche Flächen ober- und unterhalb des MAP liegen.

> **!** Merke! $P_{mittel} = P_{diastol.} + 1/3\ (P_{systol.} - P_{diastol.})$

Der arterielle Mitteldruck kann z. B. durch Erhöhung des Schlagvolumens oder des peripheren Widerstands durch Vasokonstriktion ansteigen.

4.3.7 Kreislaufparameter im Gefäßsystem

Entlang des Gefäßystems besteht ein Druckgradient vom höchsten Druck im linken Ventrikel während der Systole bis zu sehr geringen oder sogar negativen Drücken (Ansaugen) in herznahen großen Venen.

> **!** Merke! Im linken Ventrikel selbst treten extreme Druckschwankungen zwischen Systole (ca. 120 mmHg) und Diastole (ca. 10 mmHg, entspr. Pulmonalisdruck) auf (→ Abb. 4-9). Das Gefäßsystem soll diese Druckschwankungen auffangen und eine möglichst gleichmäßige Durchblutung garantieren. So beträgt z. B. schon in der Aorta der Blutdruck während der Herzdiastole 80 mmHg.

Der Gefäßquerschnitt ist in den weit verzweigten Kapillaren am größten (→ Abb. 4-9). Dadurch und durch den großen Widerstand der Gefäßmuskulatur der Arteriolen, sinkt die Fließgeschwindigkeit in den Kapillaren ab und begünstigt so den Stoffaustausch.

4.4 Zentraler Venendruck

4.4.1 Venöser Rückstrom

Selbst wenn der Kreislauf nicht mehr funktioniert, bleibt weiterhin ein Blutdruck durch die Füllung des Gefäßsystems bestehen (→ Abb. 4-10). Dies ist der statische mittlere Füllungsdruck von etwa 7 mmHg. Erst die Pumpfunktion des Herzens schafft ein Ungleichgewicht zwischen venösem und arteriellem System.

Der zentrale Venendruck (ZVD) ist ein Maß für den venösen Rückstrom zum Herzen. Der Druckgradient für den venösen Rückstrom ist definiert als Differenz aus dem mittleren Füllungsdruck (statisch, ca. 7 mmHg, abh. vom Blutvolumen) und dem ZVD (ca. 2–4 mmHg, abh. vom Herzminutenvolumen) und beträgt ca. 3–5 mmHg.
Venöser Rückstrom und Herzminutenvolumen (HMV) beeinflussen sich gegenseitig (→ Abb. 4-11).

> **!** Merke! Druckgradient für venösen Rückstrom = mittlerer Füllungsdruck - ZVD

Der ZVD gibt außerdem wichtige Informationen über den Füllungszustand des Gefäßsystems. Da die Volumendehnbarkeit des venösen Systems etwa 200-fach größer ist, als die des arteriellen Systems, ist auch 200-fach mehr Blut im venösen System gespeichert als im arteriellen System. Der ZVD ist damit vereinfacht ein Maß für das venöse Füllungsvolumen.

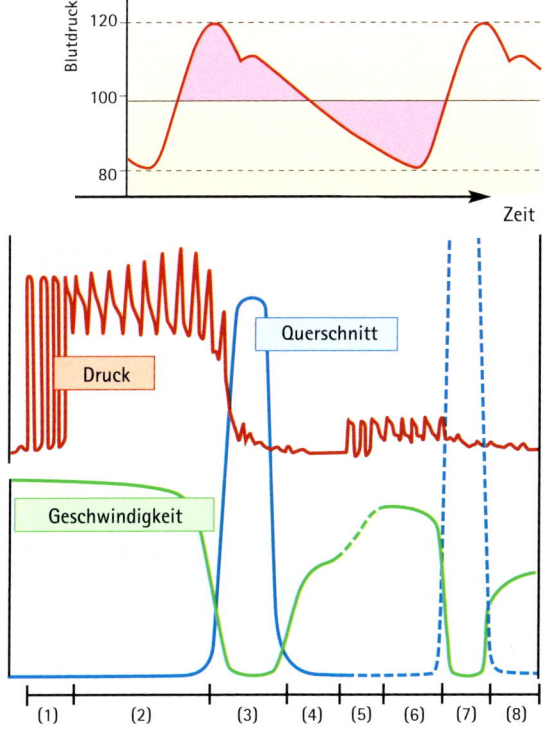

Abb. 4-8
Der arterielle Mitteldruck ist als geometrisches Mittel der Pulsdruckkurve definiert, wobei gleiche Flächen ober- und unterhalb der Kurve liegen.

Abb. 4-9
Gefäßwiderstand (hier nicht dargestellt), Blutdruck, Querschnittfläche und Strömungsgeschwindigkeit sind innerhalb des Gefäßsystems verschieden. Die Struktur der Blutgefäße spielt dabei eine entscheidende Rolle.

(1) linker Ventrikel
(2) arterielles System
(3) Kapillaren
(4) venöses System
(5) rechter Ventrikel
(6) Pulmonalarterien
(7) Lungenkapillaren
(8) Pulmonalvenen

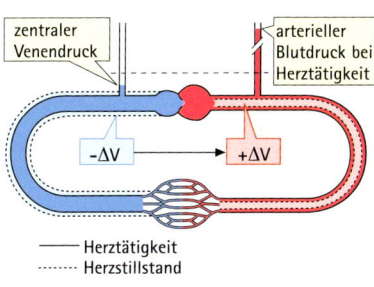

Abb. 4-10
Das Herz als Saug-Druck-Pumpe sorgt für die Druckdifferenz zwischen venösem und arteriellem System. Bei Kreislaufstillstand beträgt der statische Blutdruck durch die Gefäßfüllung (Ruhedehnungsdruck) 7 mmHg.

Abb. 4-11
Der ZVD als Maß für den Füllungszustand des Gefäßsystems und das Herzminutenvolumen als Maß für die Herzleistung bedingen sich gegenseitig. Veränderung in einem Parameter kann bestimmte pathophysiologische Veränderungen des anderen Parameters erklären.

4

Auch der ZVD unterliegt rhythmischen Schwankungen (→ Abb. 4-12), die durch die rhythmischen Füllungen und Entleerungen des rechten Vorhofs zustande kommen. Der ZVD entspricht ungefähr dem Druck im rechten Vorhof.

Beim Übergang vom Liegen in eine aufrechte Körperposition (Orthostase) bildet sich ein hydrostatischer Druckgradient, der in den Fußvenen etwa 85 mmHg beträgt. Der ZVD sinkt bis auf -3 mmHg. Die hydrostatische Indifferenzebene liegt knapp unterhalb Herzhöhe (→ Abb. 4-13). In dieser Ebene ändert sich der Venendruck von etwa 11 mmHg beim Positionswechsel vom Liegen zum Stehen nicht. Um den venösen Rückstrom zu unterstützen, wird das Blut in den Venen durch die Muskelpumpe der Beinmuskulatur zum Herzen zurücktransportiert, wobei die Venenklappen einen Rückfluss in die untere Extremität verhindern. Außerdem unterstützt die Atmung durch Abnahme des intrathorakalen Drucks bei Inspiration und die Verlagerung der Ventilebene des Herzens in der Systole den venösen Rückstrom aufgrund eines Sogmechanismus.

4.5 Mikrozirkulation

Die Gefäße der Mikrozirkulation umfassen die **Arteriolen**, die **Venolen** und die **Lymphgefäße**. Sie dienen hauptsächlich dem Stoffaustausch. Deshalb ist die Strömungsgeschwindigkeit in den Mikrogefäßen (Kapillaren) sehr gering. Dafür ist ein starker Druckabfall vom arteriellen System hin zu den Kapillaren notwendig. Dieser wird durch die Funktion der Arteriolen reguliert. Die Arteriolen sind damit die Hauptwiderstandsgefäße des Körpers.

Je nach Funktion gibt es drei Typen von Kapillaren mit kontinuierlichem, fenestriertem und diskontinuierlichem Endothel. Der Stoffaustausch über das Kapillarendothel erfolgt über Diffusion, Transportmoleküle oder Filtration. Die treibende Kraft für den Stoffaustausch liegt im transmuralen Druckgradienten entlang der Kapillare. Dabei wird der effektive Filtrationsdruck durch die Differenz der hydrostatischen und kolloidosmotischen Drücke bestimmt (→ Abb. 4-14).

$$P_{eff} = \Delta P - \Delta \pi = (P_{Kapillare} - P_{Interstitium}) - (\pi_{Plasma} - \pi_{Interstitium})$$

Der Stoffaustausch entlang der Kapillaren wird hauptsächlich durch die Verweildauer von Zellen und Molekülen in der Kapillare bestimmt, d. h. bei einer langsamen Strömungsgeschwindigkeit kann mehr Stoffaustausch stattfinden, ebenso bei längeren Kapillaren, da mehr Austauschfläche zur Verfügung steht.

Die Fähigkeit der Kapillaren, das Blutplasma zu filtrieren, hängt vom jeweiligen Organ ab. Die beste Filtrationsfähigkeit findet sich in der Niere, sie ist dort etwa 1.000-fach besser als in Herz, Muskel und Lunge. Im Gehirn dagegen ist die Filtrationsfähigkeit 1.000-fach niedriger als im Herzen.

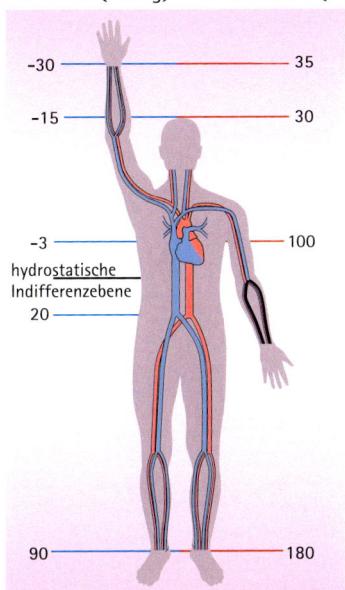

Venendruck (mmHg)   Arteriendruck (mmHg)

-30 ——— 35
-15 ——— 30

-3 ——— 100
hydrostatische
Indifferenzebene
20 ———

90 ——— 180

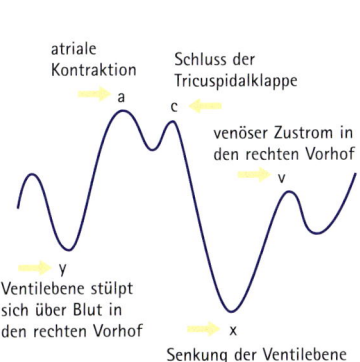

atriale
Kontraktion   Schluss der
→ a   Tricuspidalklappe
              c

                venöser Zustrom in
                den rechten Vorhof
                → v

→ y
Ventilebene stülpt
sich über Blut in
den rechten Vorhof   → x
                Senkung der Ventilebene
                in Austreibungsphase

Abb. 4-12
Die Hügel und Täler der Jugularvenen-Pulskurve
werden durch die Saug- und Pumpfunktion des
Herzens erzeugt.

Abb. 4-13
Im venösen System spielt der hydrostatische Druck
eine große Rolle. In der hydrostatischen Indifferenzebene ändert sich der venöse Druck zwischen Liegen
und Stehen nicht, in allen anderen Körperregionen
oberhalb wird er kleiner, unterhalb größer.

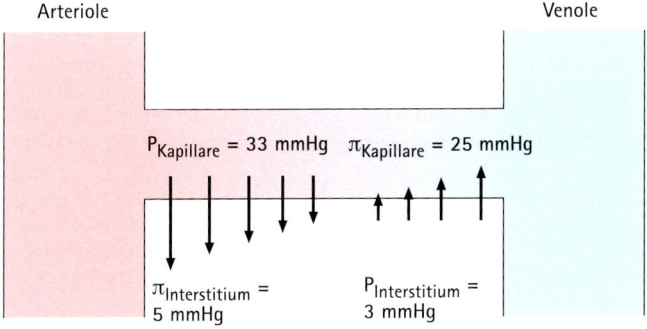

Arteriole   Venole

$P_{Kapillare}$ = 33 mmHg $\pi_{Kapillare}$ = 25 mmHg

$\pi_{Interstitium}$ = $P_{Interstitium}$ =
5 mmHg   3 mmHg
P_{eff} = 38 mmHg - 28 mmHg = 10 mmHg

Abb. 4-14
Zwischen Kapillare und Interstitium besteht ein effektives Druckgefälle von etwa 10 mmHg, das für den
Stoffwechsel-Austausch im Gewebe verantwortlich ist.

4

Klinik: Ödeme

Ödeme sind eine vermehrte Flüssigkeitsansammlung im Interstitium. Sie können durch Erhöhung des Filtrationsdruckes in den Kapillaren (z. B. erhöhter ZVD bei Herzinsuffizienz), Erniedrigung des kolloidosmotischen Drucks (z. B. Eiweißmangelernährung oder Eiweißausscheidung bei Niereninsuffizienz), eine gesteigerte Durchlässigkeit der Kapillarwand (z. B. Entzündung) oder eine Störung des Lymphabflusses (z. B. nach Operationen) auftreten.

4.5.1 Lymphsystem

Täglich fließen etwa 7.200 Liter Blut durch das Gefäßsystem. Davon werden etwa 20 Liter in das Interstitium filtriert (0,3 %) (→ Abb. 4-15). 17 Liter werden vom venösen System wieder aufgenommen, drei Liter durch das Lymphsystem abtransportiert. Die zwischengeschalteten Lymphknoten dienen vor allem der Körperabwehr.

4.6 Fließfähigkeit des Blutes

Die Fließfähigkeit des Blutes hängt von den Fließbedingungen in den Gefäßen und den Fließeigenschaften des Blutes ab.
Die Fließbedingungen beziehen sich auf das Gefäß und umfassen:
▶ Gefäßgeometrie (Gefäßlänge und -radius)
▶ Strömungsart (laminar oder turbulent)
▶ Gefäßpermeabilität
▶ Gefäßelastizität
▶ Perfusionsdruck
▶ Beschaffenheit des Endothels (bes. Glycokalix)

Die Fließeigenschaften beziehen sich auf das Blut und umfassen:
▶ Viskosität von Blut und Plasma
▶ Erythrozytenzahl (Hämatokrit) und -eigenschaften (Aggregation und Flexibilität)
▶ axiale Migration von Blutzellen

Besonders nach Engstellen, Abzweigungen und großen Gefäßbögen entstehen Turbulenzen (→ Abb. 4-16). Diese Stellen sind besonders prädisponiert für Endothelschädigungen und das Entstehen einer Arteriosklerose (z. B. Abgang der Nierenarterien, Aortenbogen).
Die elastischen Eigenschaften von Gefäßen werden durch die Laplace-Beziehung beschrieben. Allgemein gilt:

$$T = P \cdot \frac{r}{h}$$

T: tangentiale Wandspannung; P: transmuraler Druck; r: Radius; h: Wanddicke

Je größer also der Druck im Gefäß, desto höher ist auch die jeweilige Wandspannung (wenn sich Gefäßradius und Wanddicke nicht ändern). Einen chronisch erhöhten Druck muss das Gefäß also durch Wandverdickung auszugleichen versuchen, um die Wandspannung zu normalisieren (sonst besteht die Gefahr einer Ruptur).

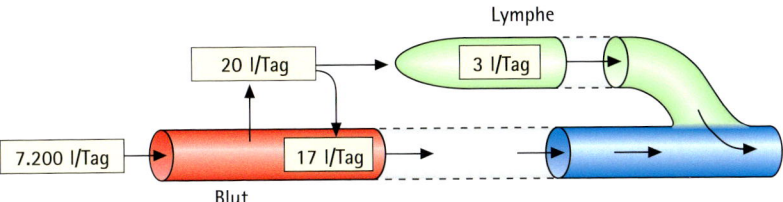

Abb. 4–15
Nur eine geringe Menge des Blutvolumens wird mit dem Interstitium ausgetauscht. Davon wird ein Teil als Lymphflüssigkeit in einer „Einbahnstraße" des Lymphsystems zurück zum Herzen geleitet.

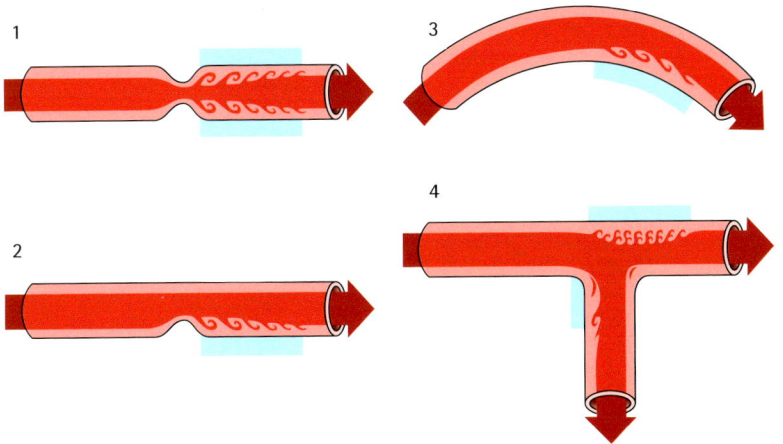

Abb. 4–16
An bestimmten Stellen des Gefäßsystems, wie z. B. an Engstellen (1, 2), Bögen (3) und Abzweigungen (4) entstehen turbulente Strömungen, die das Gefäßendothel auf Dauer schädigen können. Diese Stellen sind Prädilektionsstellen (in der Abbildung blau), etwa für Arteriosklerose (Verkalkung) und Aneurysmen (Aussackungen).

4

4.7 Durchblutungsregulation

Die Durchblutung wird durch zahlreiche Faktoren reguliert, die sich wechselseitig beeinflussen (→ Abb. 4-17).

4.7.1 Volumenregulation

Das Flüssigkeitsvolumen des Körpers wird durch folgende Mechanismen reguliert:

1. **Druckdiurese**: Autoregulation

   Die Autoregulation sorgt für eine weitgehende Konstanz der Durchblutung bei wechselndem Perfusionsdruck (→ Abb. 4-18). Sie ist in fast allen Organen, wie z. B. Gehirn, Niere, Leber, Herz, Skelettmuskel, nicht aber der Lunge zu finden.

   Durch eine Dehnung der Gefäßwand von innen kommt es zur Kontraktion glatter Muskelzellen (Bayliss-Effekt).

2. **Volumen-, Druck- und Osmorezeptoren**

   In den Vorhöfen des Herzens befinden sich dehnungsaktivierbare Volumenrezeptoren (A-, B-Rezeptoren), die ANF (s. u.) ausschütten.

   Im Aortenbogen und der Karotisgabel befinden sich Druckrezeptoren, die die Drucksignale über den N. vagus (X) und N. glossopharyngeus (IX) zum Gehirn leiten. Die Reflexantwort erfolgt über parasympathische Fasern zur Gefäßmuskulatur und zum Herzen. Die Aktivierung dieses Pressorezeptorenreflexes führt zu einer Verminderung der Herzfrequenz und damit zu einer verminderten Durchblutung im arteriellen System.

   Im Hypothalamus messen Osmorezeptoren die Osmolarität des Plasmas. Bei einem Anstieg der Plasmaosmolarität bewirken nervale Signale in die Hypophyse die Freisetzung des antidiuretischen Hormons (ADH). Dieses bewirkt den Einbau von Wasserkanälen (Aquaporin 2, AQ2) in die Sammelrohre der Niere. Dadurch wird vermehrt Wasser zurückgewonnen und die Plasmaosmolarität sinkt.

3. **Vasoaktive Peptide**

   Durch Dehnung der Herzvorhöfe (Volumenbelastung oder Erhöhung des ZVD) kommt es zur Freisetzung von natriuretischen und vasodilatatorischen Peptiden (atrialer natriuretischer Faktor, ANF), die das Renin-Angiotensin-Aldosteron-System hemmen (s. u.). Es gibt zahlreiche andere vasoaktive Peptide (z. B. Adrenomedullin aus der Nebenniere, Leptin aus Adipozyten).

4. **Goldblatt-Mechanismus**: Renin-Angiotensin-Aldosteron-System

   In der Macula densa, einer speziellen Region im Tubulussystem der Niere, wird die Na^+-Konzentration des Körpers gemessen. Na^+ dient hierbei als Volumenmarker. Bei einem niedrigen Extrazellulärvolumen wird aus benachbarten Zellen Renin freigesetzt, das Angiotensinogen in seine aktive Form Angiotensin I spaltet. Durch das in der Lunge gebildete Angiotensin Converting Enzyme (ACE) wird Angiotensin I in Angiotensin II umgewandelt. Angiotensin II ist ein sehr starker Vasokonstriktor an AT_2-Rezeptoren der Gefäßmuskulatur. Zudem wird das Mineralkortikoid Aldosteron aus der Nebennierenrinde ausgeschüttet. Es bewirkt die Sekretion von K^+ und eine vermehrte Wasserretention in der Niere. Durch diese Mechanismen kommt es sowohl zu einer Drucksteigerung im arteriellen System als auch zu einer vermehrten Gefäßfüllung.

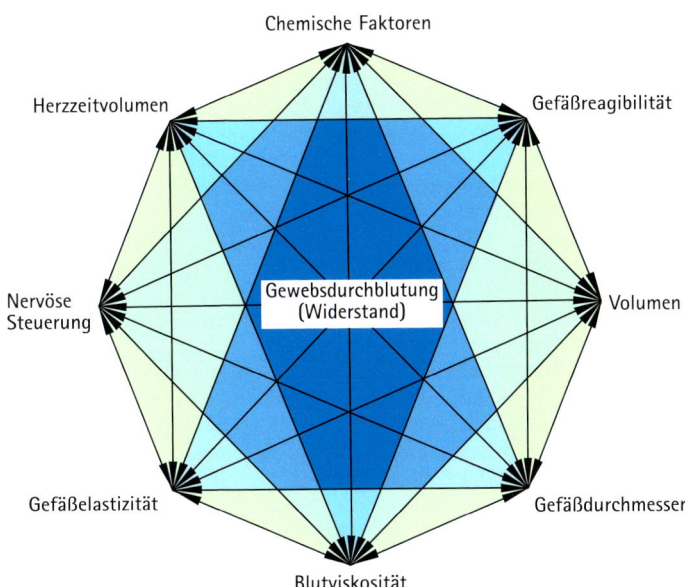

Abb. 4-17
Zahlreiche Faktoren beeinflussen die lokale Durchblutung wechselseitig.

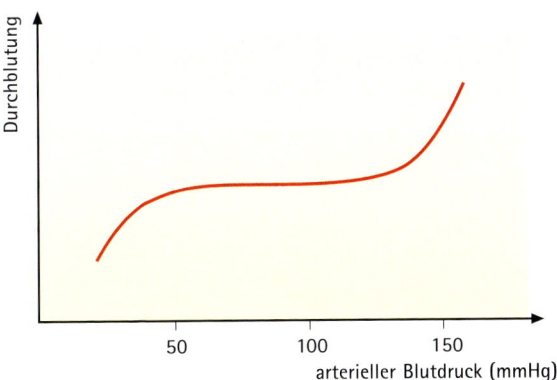

Abb. 4-18
Mit Autoregulation bezeichnet man ein System der lokalen Durchblutungsregulation, bei dem Blutdruckschwankungen in einem gewissen Bereich sehr gut vom Gefäßsystem des jeweiligen Organs abgefangen
werden können. Damit soll eine gleichmäßige Organdurchblutung gesichert werden.

4

4.8 Organdurchblutung

Die Durchblutung der einzelnen Organe ist sehr genau reguliert (→ Abb. 4-19). Gehirn und Niere sind auf eine konstante Durchblutung angewiesen, das Gehirn wegen der Abhängigkeit von Glucose und O_2, die Niere wegen des Perfusionsdrucks. Herz und Skelettmuskel sollen unter Belastung eine größere Leistung erbringen, dadurch wird auch eine verstärkte Durchblutung notwendig. Der Magen-Darm-Trakt hingegen soll möglichst nur in Ruhe aktiv sein und ist unter körperlicher Belastung nur wenig durchblutet.

1. Totaler peripherer Widerstand und Vasomotorik

Neben dem Herzzeitvolumen (→ S. 70) reguliert der totale periphere Widerstand (engl. total peripheral resistance, TPR) den arteriellen Blutdruck. Er ist die Summe aller Durchblutungswiderstände der einzelnen Organe.

Vasokonstriktion und Vasodilatation der Arteriolen (= Widerstandsgefäße!) sind die Mechanismen, mit denen der lokale Gefäßwiderstand reguliert wird. Einflussfaktoren auf Vasokonstriktion und Vasodilatation sind (→ Abb. 4-20):

▶ vegetative Innervation (besonders Katecholamine aus dem Sympathikus)
▶ zirkulierende vasoaktive Substanzen (Katecholamine aus den Nebennieren, Angiotensin, Vasopressin, Prostaglandine und Prostazykline)
▶ lokale Gewebsfaktoren (pO_2, pCO_2, NO, Histamin, Adenosin, Kallikrein, Bradykinin, Stoffwechselmetabolite)
▶ Autoregulation der Gefäße

2. Einfluss des vegetativen Nervensystems

Arterieller Mitteldruck und Sympathikusaktivität sind Bestandteile eines Regelkreises, der Blutdruck und Sympathikusaktivität möglichst konstant halten soll. Eine erhöhte Sympathikusaktivität ist am Herzen positiv chronotrop und positiv inotrop und bewirkt an den Gefäßen eine Vasokonstriktion mit der Folge der Steigerung des arteriellen Mitteldrucks. Dadurch steigt die Aktivität der Pressorezeptoren und die Sympathikusaktivität wird gebremst. Diese Regulation ist jedoch nur ein einem bestimmten Bereich möglich.

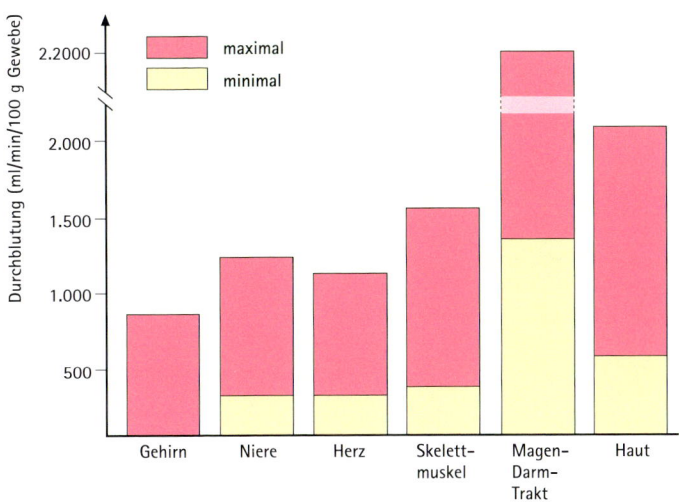

Abb. 4-19
Durch Vasokonstriktion oder –dilatation der Arteriolen als Widerstandsgefäße lässt sich die Organdurchblutung in vielen Organen regulieren. Eine Ausnahme bildet hierbei das Gehirn, das auch unter wechselnden
körperlichen Belastungen (Aktivität vs. Ruhe) relativ gleichmäßig durchblutet ist.

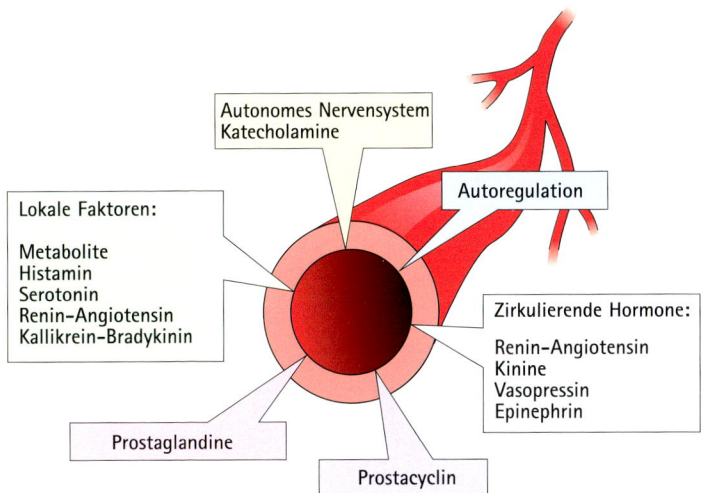

Abb. 4-20
Zahlreiche Faktoren beeinflussen die Funktion der Arteriolen als Widerstandsgefäße. Neben lokalen Fakto-
ren wie Gewebshormonen spielen auch zirkulierende systemische Faktoren und das Nervensystem eine
Rolle.

4

4.9 Bestimmung des Herzzeitvolumens: Indikatorverdünnungsmethoden

Das Herzzeitvolumen ist dasjenige Volumen, das der linke Ventrikel pro Zeiteinheit auswirft. (Das Herzminutenvolumen ist also das linksventrikulär ausgeworfene Volumen pro Minute.) Durch den Frank-Starling-Mechanismus ($\rightarrow$ Kap. 3, S. 48) wird die Auswurfleistung beider Ventrikel koordiniert, so dass kein Rückstau entsteht.

> **i** | **Hinweis**: Erst bei der Herzinsuffizenz kommt es zu Rückstauungen mit den typischen Symptomen wie Knöchelödemen und Halsvenenstauungen beim Rechtsherzversagen und „Asthma cardiale" mit Atemnot beim Linksherzversagen.

Das Herzzeitvolumen lässt sich nach dem Fick'schen Prinzip ($\rightarrow$ Kap. 7, S. 94) bestimmen. Vereinfacht gesagt, müssen Konzentration und Volumen einer Substanz bekannt sein. Diese Menge wird in das Kreislaufsystem injiziert. An einer Messstelle im Kreislauf wird die Konzentration der Substanz während ihrer Verdünnung gemessen. In einem Diagramm spiegelt die Fläche unterhalb der Konzentrationskurve über einen Zeitverlauf das Herzzeitvolumen wieder ($\rightarrow$ Abb. 4-20).

$$\text{Menge} = \frac{\text{Konzentration}}{\text{Volumen}}$$

Geeignete Substanzen sind z. B. Farbstoffe wie Evans Blue und Cardiogreen, deren Konzentration durch einfache photometrische Verfahren bestimmt werden kann. Die Substanzen sollten nicht toxisch sein und schnell ausgeschieden werden.

Eine andere Möglichkeit zur Messung des Herzzeitvolumens besteht darin, die O_2-Aufnahme und die jeweilige O_2-Konzentration in arteriellem und venösem Blut zu messen. Aus der Kenntnis der arteriovenösen O_2-Differenz und der aufgenommenen Menge an O_2 pro Zeiteinheit lässt sich das Herzzeitvolumen berechnen (Methode der Thermodilution).

In der Klinik wird oft kalte Ringerlösung injiziert. Aus der Messung der Temperaturveränderung lässt sich ebenfalls das Herzzeitvolumen berechnen. Statt der Menge einer Indikatorsubstanz wird hierbei die „Menge an Kälte" benutzt.

> **i** | **Hinweis**: Indikatorverdünnungsverfahren eignen sich generell, um dynamische Volumina zu bestimmen, also z. B. Lungenvolumina durch Einatmen von „Indikatorgas" (z. B. Helium oder radioaktiv markiertem Gas) oder Ausscheidungsvolumina aus Niere, Gallenwegen etc.

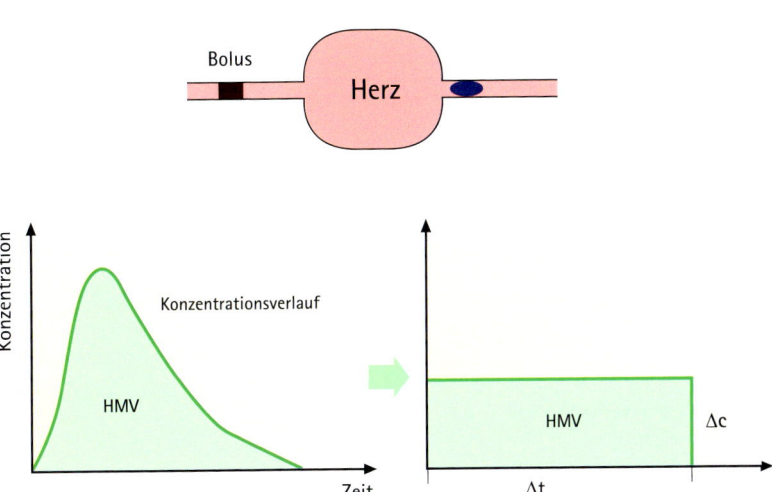

Abb. 4-21
Die Bestimmung des Herzminutenvolumens erfolgt durch Indikatorverdünnungsmethoden. Hierbei wird eine bestimmte Menge einer Substanz mit gut messbaren Eigenschaften wie z. B. Temperatur oder Absorption injiziert und an einer Messstelle im Kreislaufsystem der Konzentrationsverlauf festgehalten. Aus dem Konzentrationsveränderung pro Zeiteinheit kann das Herzminutenvolumen berechnet werden. Die Flächen unter der Kurve links und rechts sind gleich groß.

5

5.1 Funktionen der Atmung

Unter Atmung versteht man zum einen die äußere Atmung, die den Austausch der Atemgase O_2 und CO_2 regelt. Zusätzlich können andere Stoffwechselprodukte über die Lunge abgegeben werden (Ausscheidungsorgan!), wie z. B. Ketonkörper oder Ethanol (→ Abb. 5-1).
Zum anderen wird der Austausch und Stoffwechsel der Atemgase O_2 und CO_2 in den einzelnen Körperzellen als innere Atmung bezeichnet.

5.2 Physikalische Grundlagen

5.2.1 Zustandsgleichung idealer Gase

$p \cdot V = n \cdot T \cdot R$

p: Druck; V: Volumen; n: Gasmenge; T: Temperatur; R: allgemeine Gaskonstante = 8,314 J/(K mol)

Dalton'sches Gesetz
Der Gesamtdruck setzt sich aus der Summe der einzelnen Partialdrücke zusammen.

$p_{gesamt} = pO_2 + pCO_2 + pN_2 + ...$

Henry'sches Verteilungsgesetz
Die Konzentration eines in Flüssigkeit gelösten Gases errechnet sich aus dem Produkt seines Partialdrucks mit dem Löslichkeitskoeffizienten α.

Bsp.: $[CO_2] = 0,03 \cdot pCO_2$

5.3 Lungenvolumina

5.3.1 Spirometrie

Der Lungeninhalt kann in mehrere anatomische und funktionelle Volumina unterteilt werden (→ Abb. 5-2). Die funktionellen Volumina werden auch als Kapazität bezeichnet. Sie errechnen sich aus Differenzen oder Summen der anatomischen Volumina.
Totalkapazität TK = 6 Liter:
▶ Vitalkapazität VK = 4,5 Liter:
  • inspiratorisches Reservevolumen IRV = 2,5 Liter
  • exspiratorisches Reservevolumen ERV = 1,5 Liter
  • Atemzugvolumen VT = 0,5 Liter:
    - Totraum = 0,15 Liter
    - Alveolarluft = 0,35 Liter
▶ Residualvolumen RV = 1,5 Liter:
  • Kollapsluft = 0,8 Liter (entweicht beim Kollabieren der Lunge)
  • Restluft = 0,7 Liter (verbleibt immer in der Lunge)

Die durch die Atmung bewegten Volumina können mit Hilfe der Spirometrie gemessen werden, ebenso wie der Atemwegswiderstand, Atemfrequenz und Atemzeitvolumen.

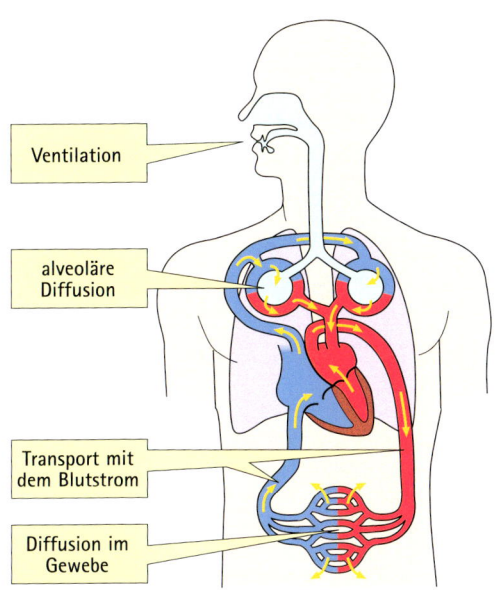

Abb. 5-1
Die Atmung dient dem Austausch der Atemgase O_2 und CO_2. Als äußere Atmung bezeichnet man die Funktion der Lungen und des Kreislaufs, als innere Atmung die der Zellen.

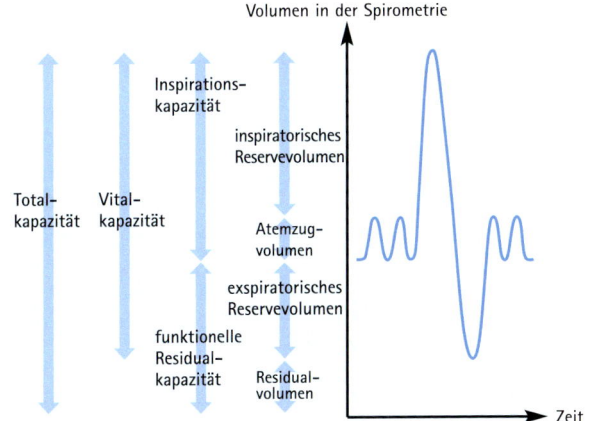

Abb. 5-2
Mit der Spirometrie lassen sich Lungenvolumina und -kapazitäten messen.

5

5.3.2 Totraum

Die Atemwege sind dichotom-hierarchisch organisiert (→ Abb. 5-3). Dies bedingt, dass sich in den Atemwegen ein Volumen befindet, das nicht ausgetauscht wird und das man als Totraumvolumen bezeichnet.

Die Berechnung des Totraumvolumens erfolgt nach der **Bohr-Formel**:

$$\frac{V_T}{V_E} = \frac{FACO_2 - FECO_2}{FACO_2} = \frac{0,056 - 0,04}{0,056} = ca.\ 0,3$$

V_T: Totraum; V_E: exspiratorisches Volumen; $FACO_2$: fraktioneller Anteil von CO_2 in der Alveolarluft; $FECO_2$: fraktioneller Anteil von Co_2 in der Ausatemluft
Der Totraum macht etwa ein Drittel des exspiratorischen Volumens aus. V_T = 30 % von V_E

5.4 Atemmechanik

Die Lunge zeigt eine typische Druck-Volumen-Beziehung sowie eine Druck-Stromstärken-Beziehung. Diese können durch Messung der Atemwegswiderstände bei der Lungenfunktionsprüfung aufgezeichnet werden.

1. **Elastische Atemwegswiderstände** bestehen aus der:
   - ▶ **elastischen Retraktion**, die durch die Oberflächenspannung der Alveolen und der Dehnung des Lungenparenchyms zustande kommt. Als Gegenkraft wirkt der Donders'sche Unterdruck zwischen den Pleurablättern von etwa -5 bis -8 mmHg. Die elastische Retraktion verursacht das Kollabieren der Lunge bei einem Pneumothorax.
   - ▶ **Ruhe-Dehnungs-Kurve**, die das statische Verhalten der Lunge beschreibt. Ähnlich dem Herzen kann durch den Füllungsdruck eine Beziehung zum Lungenvolumen hergestellt werden.
   - ▶ **Compliance** als Maß für die elastischen Thoraxeigenschaften. Sie wird auch als Volumendehnbarkeit bezeichnet.

Die eigentliche Bewegung des Thorax erfolgt durch die Atemmuskulatur, bestehend aus dem Zwerchfell und den Interkostalmuskeln.

2. **Visköse Atemwegswiderstände** bestehen aus:
   - ▶ Strömungswiderständen der ableitenden Atemwege (zu 90 %)
   - ▶ Gewebswiderständen (zu 10 %)

Die **Atemarbeit** berechnet sich aus der Fläche, die im Druck-Volumen-Diagramm von einer „Atemschleife" umschrieben wird (→ Abb. 5-4). Die Lungenfunktion kann über die Spirometrie beurteilt werden. Prinzipiell können restriktive Störungen, bei denen die Ausdehnungsfähigkeit der Lunge eingeschränkt ist (z. B. Fibrose) von obstruktiven Störungen, bei denen die zu- und ableitenden Atemwege eingeengt sind (z. B. Asthma bronchiale), unterschieden werden.

 Klinik: Als Sekundenkapazität oder Ein-Sekunden-Kapazität wird das Volumen bezeichnet, das in einer Sekunde bei maximaler Exspiration ausgeatmet werden kann (Tiffeneau-Test, → Abb. 5-5). Mit diesem Test können besonders obstruktive Atemwegserkrankungen wie z. B. Asthma bronchiale erkannt werden. Restriktive Atemwegserkrankungen wie z. B. das Emphysem verursachen eine verminderte Vitalkapazität.

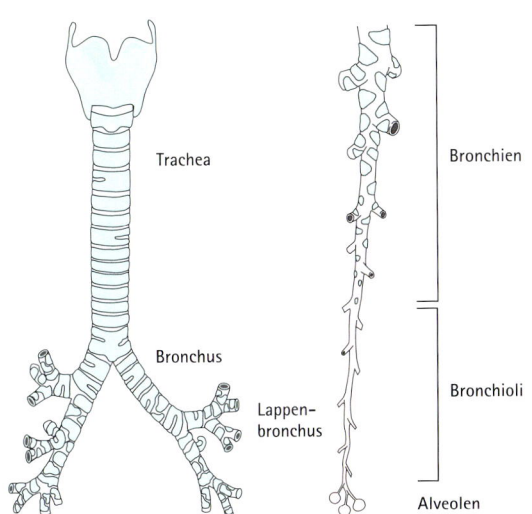

Abb. 5-3
Das Bronchialsystem verzweigt sich dichotom und stellt den Totraum dar, in dem kein Gasaustausch statt-findet.

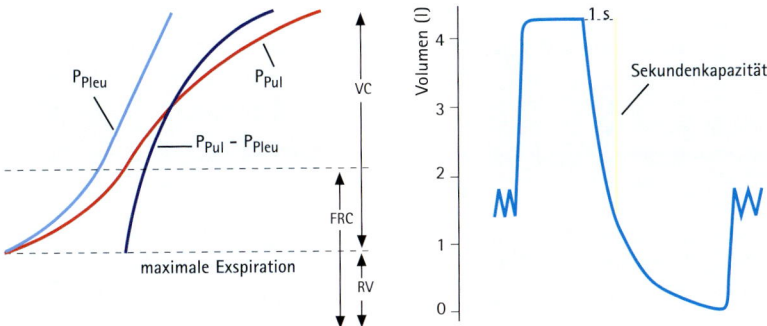

Abb. 5-4
Für Lunge und Thorax lassen sich Druck-Volumen-Diagramme erstellen, die die Atemfunktionen Inspiration und Exspiration charakterisieren.

PPleu   Pleuradruck
PPul   Pulmonaldruck
FRK   Funktionelle Residualkapazität
VK   Vitalkapazität
RV   Residualvolumen

Abb. 5-5
Der Tiffeneau-Test in der Spirometrie misst dasjenige Volumen, das in einer Sekunde aus-geatmet werden kann. Diese Ein-Sekunden-Kapazität ist bei obstruktiven Atemwegser-krankungen wie z. B. dem Asthma bronchiale vermindert.

5

5.5 Alveolärer Gasaustausch

5.5.1 Diffusionsgestz

In den Alveolen erfolgt der Gasaustausch hauptsächlich über Diffusion (→ Abb. 5-6). Das Diffusionsgesetz besagt:

$$I = \frac{D \cdot F \cdot \Delta p}{\Delta s}$$

I: diffundierte Stoffmenge; D: Diffusionskoeffizient; F: Austauschflüssigkeit; Δp: Druck-differenz; Δs: Diffusionsstrecke

5.5.2 Ventilations-Perfusions-Verhältnis

Die verschiedenen Lungenareale werden unterschiedlich durchblutet, je nach dem, wie gut sie ventiliert werden. Kommt es zu einer Unterbrechung der Belüftung eines Lungenareals (z. B. durch Verlegung eines Bronchus), wird das betreffende Areal auch nicht mehr durchblutet (Euler-Liljestrand-Reflex).

 Klinik: Durch eine **Ventilations-Perfusions-Szintigraphie** kann ein Defizit zwischen Belüftung und Durchblutung der Lunge sichtbar gemacht werden. Dies ist besonders zur Diagnose der **Lungenembolie** notwendig, bei der meist durch Blutgerinnsel größere Gefäße der Lungenstrombahn verlegt werden. Durch die rasch einsetzende Fibrinolyse kann das Gerinnsel mit anderen bildgebenden Methoden wie z. B. MRT und CT oft nicht mehr lokalisiert werden, und auch im schlimmsten Fall, bei der Sektion, ist oft kein Thrombus mehr sichtbar.

5.6 Zentrale Kontrolle der Atemtätigkeit

In der Medulla oblongata sitzen verschiedene Klassen von inspiratorischen und exspiratorischen Neuronen, deren Funktion in der Formatio reticularis verschaltet wird (→ Abb. 5-7). Sie weisen einen oszillierenden Eigenrhythmus auf.
Die Modulation dieser Neurone erfolgt durch:
- höhere Zentren
- Pressorezeptoren (→ Kap. 4, S. 68)
- periphere Chemorezeptoren für pO_2 und pH-Wert z. B. im Glomus caroticum (N. glossopharyngeus IX) und in den Glomerula aortica (N. vagus X) im Aortenbogen, zentrale Chemosensoren im ventralen Hirnstamm
- Dehnungsrezeptoren in der Lunge [Hering-Breuer-Reflex, parasympathisch über N. vagus (X)]
- Mechanorezeptoren der Muskulatur („Mitinnervation" bei Muskelarbeit durch Sympathicus)
- pH-Wert in Plasma und Liquor: saurer → Hemmung (→ Kap. 7, S. 106)
- Schmerzrezeptoren
- Thermorezeptoren
- Aufregung, Emotion
- Hormone

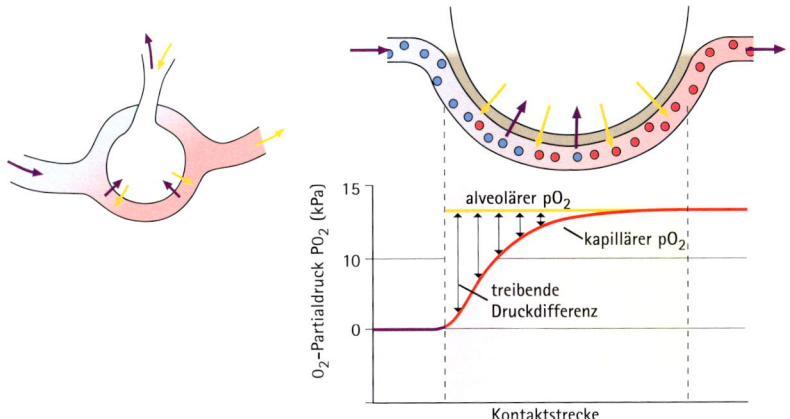

Abb. 5-6
Zwischen den Blutgefässen der Lunge und den Alveolen findet die O_2-Aufnahme und CO_2-Abgabe entlang der Kapillarlänge statt.

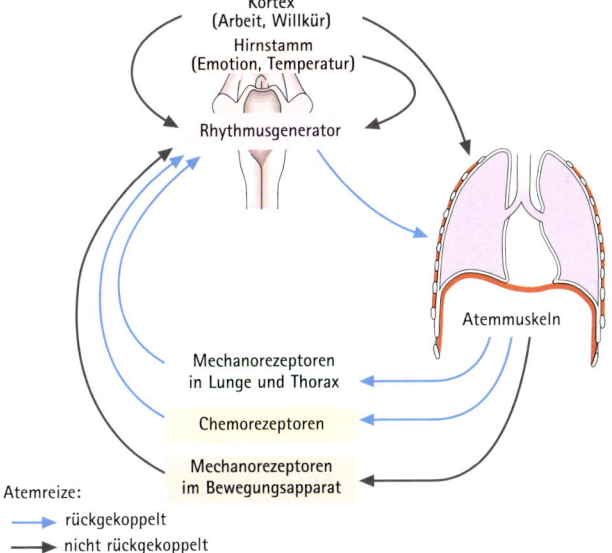

Abb. 5-7
Zahlreiche Einflussfaktoren wirken auf die zentrale Steuerung der Atmung im Hirnstamm, besonders im Hinblick auf Atemrhythmus, -tiefe und -frequenz.

5

5.6.1 Chemische Kontrolle der Atmung

In einem Regelkreis von pH-Wert, pO_2 und pCO_2 wird die Atemtätigkeit an die Stoffwechsel-bedingungen angepasst.

1. Einfluss des pCO_2

$$CO_2\text{-Antwortkurve:} \quad \frac{dV}{dt} = f \cdot [CO_2]$$

Als Antwortkurve wird die Veränderung des Atemminutenvolumens (auch: Atemzeitvolumen) auf einen bestimmten chemischen Reiz bezeichnet, also z. B. durch pCO_2, pO_2 und pH-Wert. Die maximale Obergrenze der CO_2-Antwortkurve ($\rightarrow$ Abb. 5-8) liegt bei etwa 75 l/min, die im Gegensatz zur Muskelarbeit nicht überschritten werden kann, da dann das Atmungszentrum wieder gehemmt wird (z. B. Bewusstlosigkeit nach starker willentlicher Hyperventilation).

Die Steigung (**Cave:** nicht Steigerung!) der Antwortkurve wird durch
▶ Barbiturate,
▶ Schlaf,
▶ unreife Chemorezeptoren, z. B. bei Frühgeborenen oder
▶ einer Störung des Gasaustauschs, z. B. bei einem Lungenemphysem, beeinflusst.

2. Einfluss des pH

Besonders ein pH-Abfall führt zu einem Anstieg der Atemtätigkeit ($\rightarrow$ Abb. 5-8), während ein pH-Anstieg die Atemtätigkeit nur gering hemmt. Es besteht eine Wechselwirkung zwischen pH-Wert und pCO_2 über den Säure-Basen-Haushalt ($\rightarrow$ Kap. 4, S. 106).

3. Einfluss des pO_2

Ein Abfall des pO_2 führt zu vermehrter Atemtätigkeit (z. B. in großer Höhe) ($\rightarrow$ Abb. 5-8). Oft ist der pO_2 der letzte noch verbleibende Atemantrieb, z. B. bei einer Barbiturat-Vergiftung, bei der die pCO_2-Empfindlichkeit herabgesetzt ist. Deshalb sollte in diesem Fall eine zusätzliche O_2-Beatmung nur vorsichtig erfolgen.

5.6.2 Pathologische Atmungsformen ($\rightarrow$ Abb. 5-9)

▶ **Kussmaul-Atmung** bei metabolischer Azidose (wie z. B. im Coma diabeticum und im urämischen Koma): vertiefte Atmung und höhere Atemfrequenz, da die Lunge als Ausscheidungs-organ schädliche Substanzen abatmen soll.
▶ **Schlaf, Sedierung:** niedrigere Atemtiefe, unregelmässige Schwankungen.
  Klinik: Schlafapnoe-Syndrom: längere Phasen ohne Atemtätigkeit (bis mehrere Minuten!).
▶ **Cheyne-Stokes-Atmung:** „periodische" Atmung mit ansteigender und dann wieder abfallender Atemtiefe etwa alle 20–40 s. Vorkommen bei Schock (Mikrozirkulationsstörung!), Enzephalitis, Adipositas per magna u. a.

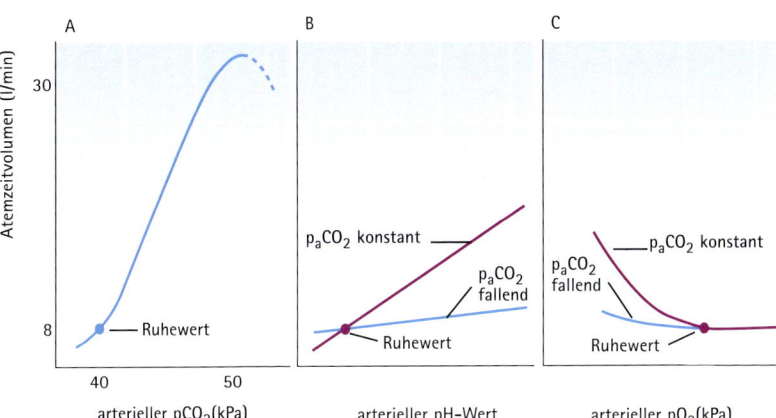

Abb. 5-8
Die Atemantwortkurven beschreiben das Verhalten des Atemminutenvolumens auf Veränderungen von CO_2 (A), pH (B) und pO_2 (C).

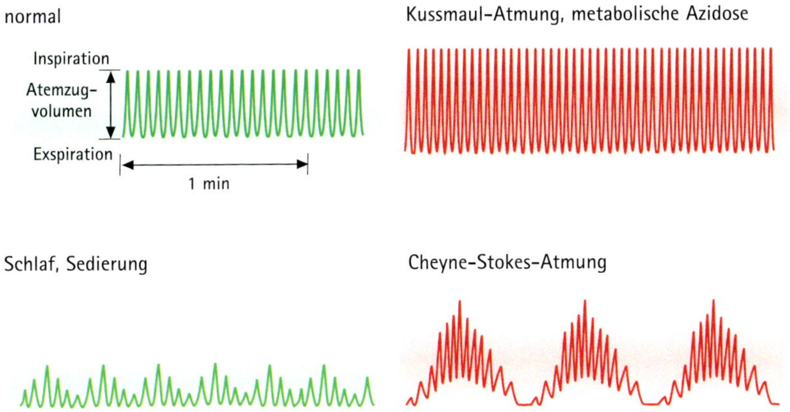

normal

Kussmaul-Atmung, metabolische Azidose

Schlaf, Sedierung

Cheyne-Stokes-Atmung

Abb. 5-9
Atemtiefe und -frequenz können durch bestimmte metabolische Störungen in typischer Weise verändert sein.

5

5.7 Sauerstofftransport im Blut

5.7.1 O_2-Hämoglobin-Bindung

Nur ein sehr geringer Teil des Sauerstoffs wird im Blut physikalisch gelöst transportiert, der

> **!** Merke! Die Häm-Gruppe bindet O_2 reversibel, d. h. „Oxigenierung", nicht „Oxidation" [dabei verändert das zentrale Fe^{2+}-Atom des Häms seine Ladung in Fe^{3+} (= Methämoglobin) und steht dem O_2-Transport nicht mehr zur Verfügung].

Die Sauerstoffbindung an das Hämoglobin-Molekül zeigt eine sigmoide (S-förmige) Sättigung (→ Abb. 5-10) aufgrund der tetrameren Molekülstruktur des Hämoglobins. Dadurch wird die Bindung eines weiteren O_2-Moleküls erleichtert, wenn schon 1, 2 oder 3 andere Bindungsstellen besetzt sind.

Die **Sauerstoff-Sättigung** (O_2-SAT) bezeichnet den tatsächlich mit O_2 beladenen Anteil des gesamten Hämoglobins. Bei maximaler Beladung (alle Bindungsstellen besetzt) kann 1 mol Hb (ca. 64.000 g) genau 4 mol O_2 (= 4 x 32 g entspr. 4 x 22,4 l = 89,6 l) binden. Daraus folgt die Hüfner'sche Zahl: 1 g Hb kann max. 1,38 ml O_2 binden.
Aufgrund der verschiedenen Absorptionen von oxygeniertem und desoxygeniertem Hämoglobin kann über die **Pulsoxymetrie** die O_2-Sättigung bestimmt werden.

Das im Muskel vorkommende Myoglobin zeigt eine andere Sättigungskinetik mit einem wesentlich steileren Anstieg. Daraus folgt, dass Hämoglobin in den Erythrozyten O_2 sehr schnell aufnehmen, aber auch abgeben kann, es ist deshalb ideal als Transporter, während die Myoglobin-Kinetik für seine Funktion als O_2-Speicher spricht.

5.7.2 Einflussfaktoren auf die Sauerstoffbindung

Die O_2-Bindungskurve kann durch Veränderungen des pH-Werts, der Temperatur und der Konzentrationen von CO_2 und dem Glykolyse-Nebenprodukt 2,3-Bisphosphoglycerat, 2,3-BPG (engl.: 2,3-Diphosphoglycerate, 2,3-DPG) beeinflusst werden (→ Abb. 5-10).

Dabei führen H+ ↑ (d. h. pH ↓) (Bohr-Effekt), pCO_2 ↑, Temperatur ↑, 2,3-DPG ↑ zu einer „Rechtsverschiebung" der Kurve, d. h. zu einer Affinitätsverminderung, wobei also bei gleichem pO_2 weniger O_2 an Hb binden, bzw. die Bindung bei erhöhtem Bedarf auch schneller wieder gelöst werden kann. Dies ist gerade bei den genannten Parametern sinnvoll: H+, CO_2 und 2,3-DPG fallen beim Zellstoffwechsel an. Genau dort soll ja aber auch der benötigte O_2 freigesetzt werden. Die Wirkung von H+ und pCO_2 auf die Affinität zum Hb heißt Bohr-Effekt.

H+ ↓ (d. h. pH ↑), pCO_2 ↓, Temperatur ↓, 2,3-DPG ↓ führen zu einer „Linksverschiebung", d. h. einer **Affinitätserhöhung.** Wird in der Lunge z. B. CO_2 abgeatmet (und damit auch der pH-Wert erhöht), führt die Linksverschiebung zu einer erleichterten O_2-Aufnahme.

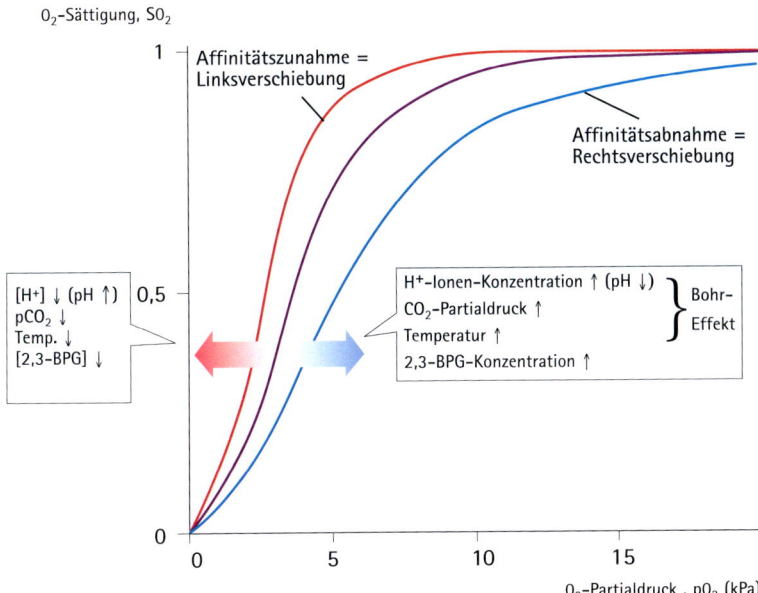

O$_2$-Sättigung, SO$_2$

Affinitätszunahme = Linksverschiebung

Affinitätsabnahme = Rechtsverschiebung

[H$^+$] ↓ (pH ↑)
pCO$_2$ ↓
Temp. ↓
[2,3-BPG] ↓

H$^+$-Ionen-Konzentration ↑ (pH ↓)
CO$_2$-Partialdruck ↑
Temperatur ↑
2,3-BPG-Konzentration ↑ } Bohr-Effekt

O$_2$-Partialdruck , pO$_2$ (kPa)

Abb. 5-10
Die Sauerstoffbindungskurve des Hämoglobins beschreibt die Abhängigkeit der O$_2$-Sättigung vom pO$_2$. Sie ist durch einen sigmoiden Verlauf gekennzeichnet, der sich durch pCO$_2$, pH-Wert, Temperatur und 2,3-BPG beeinflussen lässt (Linksverschiebung <–> Rechtsverschiebung).

✚ Klinik: CO-Vergiftung

CO (Kohlenstoffmonoxid) wird vor allem bei unvollständigen Verbrennungsvorgängen freigesetzt (Wohnungsbrand, Autoabgase) und hat eine etwa 200-fach höhere Affinität zu Hb als O_2, so dass einmal gebundenes CO nur noch sehr schwer wieder von Hb abdiffundiert. Das so besetzte Hb steht also dem O_2-Transport nicht mehr zur Verfügung. CO entsteht auch im Intermediärstoffwechsel und dient als Neurotransmitter, so dass eine 1–2 %ige Hb-Beladung mit CO als physiologisch erscheint. Bei chronischen Rauchern können bis zu 15 % HbCO erreicht werden. Vergiftungserscheinungen [Benommenheit, Koma, Gewebsödem (bes. Lunge!), zerebrale Hypoxie-Symptome] treten ab ca. 30 % HbCO auf. Die Therapie erfolgt mit reiner Sauerstoffbeatmung, notfallmässig auch durch Transfusion von Erythrozytenkonzentraten.

5.8 CO_2-Bindungskurve

Neben O_2 wird auch das Stoffwechselendprodukt CO_2 über das Blut transportiert. Neben einem geringen Anteil von physikalisch gelöstem CO_2 kommen größere Mengen chemisch gebunden in Bikarbonat HCO_3^- und als Carbamat an Hb gebunden vor. Die CO_2-Bindungskurve verläuft steiler als die O_2-Bindungskurve und zeigt nur eine geringe Sättigungscharakteristik (→ Abb. 5-11).

Die CO_2-Bindung an Hämoglobin ist durch zwei Effekte gekennzeichnet (→ Abb. 5-12):
▶ **Haldane-Effekt:** Desoxygeniertes Hb kann bei gleichem pCO_2 mehr CO_2 aufnehmen als oxygeniertes Hb; dies dient vor allem der CO_2-Aufnahme in das Gewebe.
▶ **Hamburger-Shift:** Der Austausch von HCO_3^- gegen Cl^- in Erythrozyten soll einen schnelleren Transport, quasi im Huckepack der Erythrozyten, garantieren.

Im Erythrozyten wandelt die Carboanhydrase das HCO_3^- in Gegenwart von H^+ in CO_2 und Wasser um. Das CO_2 kann direkt an Hb gebunden werden, es entsteht Carbamino-Hb.

5.9 Klinischer Ausblick: Pulsoxymetrie

Mit Hilfe der Pulsoxymetrie können Herzfrequenz und O_2-Sättigung des Blutes nichtinvasiv bestimmt werden. Dazu wird eine Messsonde um einen Finger, Zeh oder das Ohrläppchen geklemmt und mit Licht einer bestimmten Wellenlänge durchleuchtet. Auf der anderen Seite wird die Lichtabsorption gemessen. Da sich die Absorptionsmaxima von oxygeniertem und desoxygeniertem Hämoglobin unterscheiden, lässt sich daraus die O_2-Sättigung berechnen.

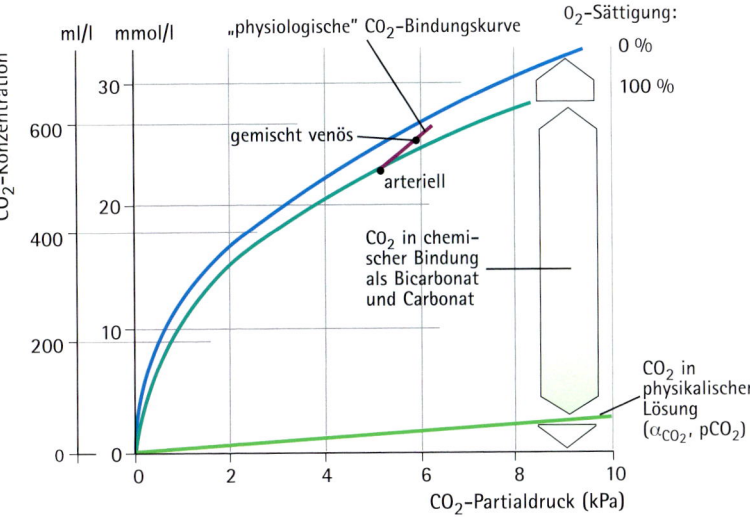

Abb. 5-11
Auch für den CO$_2$-Transport kann eine charakteristische CO$_2$-Bindungskurve erstellt werden, die sich jedoch für oxygeniertes und desoxygeniertes Blut unterscheidet.

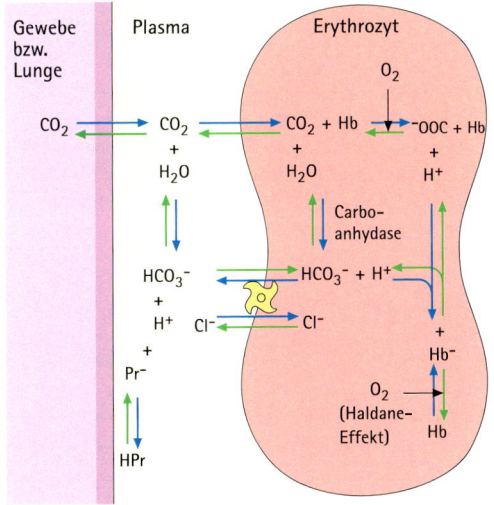

Abb. 5-12
Auch das bei der Gewebeatmung anfallende CO$_2$ wird im Erythrozyten transportiert. Dabei kann desoxygeniertes Hämoglobin (Hb) mehr CO2 aufnehmen als oxygeniertes (Haldane-Effekt). Ein HCO$_3$-Cl-Austausch (Hamburger-Shift) dient der optimalen Nutzung der Funktion der Carboanhydrase.

6

6.1 Energiehaushalt

6.1.1 Biologische Voraussetzungen

Die Zelle ist auf einen stetigen Energieumsatz angewiesen (→ Abb. 6-1), um ihre Struktur aufrecht zu erhalten und die spezifischen Zellleistungen zu erfüllen.

Anabolismus: Aufbau körpereigener Substanzen

Katabolismus: Abbau körpereigener Substanzen oder aufgenommener Substrate

Substrate:

▶ für den Betriebsstoffwechsel: Fette, Kohlenhydrate
▶ für den Baustoffwechsel: Proteine

6.1.2 Physikalische Grundkenntnisse (→ Tab. 6-2)

Folgende Definitionen sind für das Verständnis des Energieumsatzes wichtig:

Arbeit: $W = F \cdot s$

F: Kraft; s: Strecke

Energie: gespeicherte Arbeit

Wirkungsgrad: η (%) = äußere Arbeit/umgesetzte Energie · 100

Für Muskelarbeit: η = ca. 25 %, für Verbrennungsmotor: η = ca. 35 %

Gesamtumsatz: Summe aus abgegebener Energie (äußere Arbeit, Wärme) und gespeicherter Energie (Nährstoffdepots).

6.1.3 Umsatzgrößen (→ Tab. 6-2)

Ruheumsatz: kann nicht genau definiert werden, da sich auch in Ruhe einige Organe, wie z. B. Gehirn, Herz, Atemmuskulatur, immer in Tätigkeit befinden. Deshalb wurde der Grundumsatz mit Standardbedingungen definiert.

Grundumsatz: Energieumsatz unter folgenden Bedingungen:

1. morgens: wegen zirkadianer Rhythmik
2. in Ruhe (liegend): keine äußere Arbeit
3. nüchtern: keine Verdauungstätigkeit oder Stoffwechselprozesse nach Nahrungsaufnahme
4. bei Indifferenztemperatur (20° C): Körpernormtemperatur

Arbeitsumsatz: Summe aus Grundumsatz und Leistungszuwachs durch Muskelarbeit.

Tab. 6-1 Definitionen von Standardbedingungen

	STPD	BTPS	ATPS
engl. Abkürzung	standard temperature, pressure, dry	body temperature, pressure, saturated	ambient temperature, pressure, saturated
Temperatur	273 K = 0° C	310 K = 37° C	Umgebungstemperatur
Luftdruck	1.013 hPa	aktueller Barometerluftdruck	aktueller Barometerluftdurck
Wasserdampfsättigung	0 (trocken)	47 mmHg (gesättigt)	47 mmHg (gesättigt)

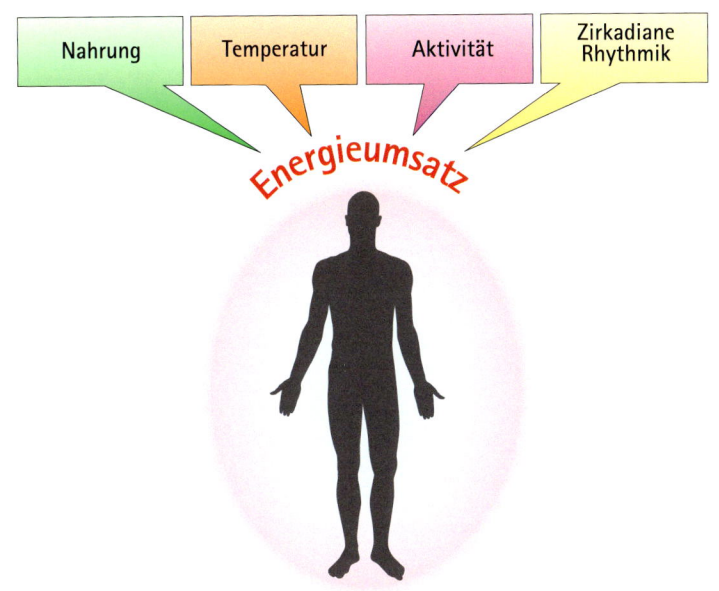

Abb. 6-1
Der tägliche Energieumsatz unterliegt zahlreichen Einflussfaktoren.

Tab. 6-2 Größen und Einheiten

Einheit	Definition
Arbeit, Energie (W)	W = Kraft • Strecke = Leistung • Zeit 1 Joule (J) = 1 Newton • Meter (Nm) = 1 Watt • Sekunde (Ws) veraltet: 1 Kalorie (ca) = 4.185 J
Leistung (P)	P = Arbeit/Zeit 1 Watt (W) = 1 Joule (J)/Sekunde (s)
Ruheumsatz (RU)	RU (J/d) = $\dot{V}O_2$ (l/min) • kalorisches Äquivalent (J/l)* • 1.440 min/d
Grundumsatz (GU)	GU (J/d) = Körperoberfläche (m^2) • Standardwert nach DuBois** (J/(m^2 • h) • 24 h/d
Arbeitsumsatz (AU)	AU (J/d) = Leistung (J/s) • Zeit (s)

*   Das kalorische Äquivalent gibt die bei Verbrennung von 1 l O_2 freigesetzte Energie aus einem
     Nährstoff an. Es kann abgeschätzt werden als ÄQ = 5,14 • RQ + 16 kJ/lO_2
**   Der Standardwert nach DuBois gibt den Energieumsatz pro m^2 Körperoberfläche und Stunde an
     und wird aus einer Standardtabelle abgelesen.

6

6.1.4 Messmethoden zur Energieumsatzbestimmung

1. Direkt durch „**Kalorimeter**" nach Lavoisier: Eine Versuchsperson wird in eine gasundurchlässige Kammer gesetzt. Durch die Temperaturerhöhung der Kammer kann der Energieumsatz direkt bestimmt werden.
2. Indirekt durch den O_2-**Verbrauch**: Da die Speicherkapazität für O_2 in einer Zelle gering ist, steht der O_2-Verbrauch in einem direkt proportionalen Zusammenhang mit dem Energieumsatz der Zelle. Der O_2-Verbrauch kann über die Ergospirometrie (→ Abb. 6-2) bestimmt werden. Dazu werden O_2- und CO_2-Konzentration in der Ausatemluft gemessen und mit der eingestellten Leistung am Fahrradergometer verglichen.

Berechnung über die Glukose-Verbrennung:
$C_6H_{12}O_6 + 6\ O_2 \leftrightarrow 6\ CO_2 + 6\ H_2O$, $\Delta E = -2.826$ kJ
1 mol Gluose ~ 180 g
1 mol O_2 ~ 22,4 Liter, d. h. 6 mol O_2 ~ 134,4 Liter
Brennwert = 2.826 kJ/180 g = 15,7 kJ/g
Energieäquivalent = 2.826 kJ/134,4 l O_2 = 21,1 kJ/l O_2

Respiratorischer Quotient (RQ)
RQ = CO_2-Abgabe/O_2-Aufnahme
Der RQ ist abhängig von
▶ Nährstoffabbau (Kohlenhydrate 1,0; Proteine 0,81; Fett 0,7 wegen ungesättigter Doppelbindungen; für gemischte Nahrung 0,82),
▶ Atmung (bei Hyperventilation steigt die CO_2-Abgabe, während die O_2-Aufnahme konstant bleibt),
▶ Nährstoffumbau (Kohlenhydrate → Fette + O_2, d. h. bei Kohlenhydratmast steigt der RQ, bei Hungern und Diabetes sinkt der RQ).

Tab. 6–3 Energieäquivalent und Brennwert für verschiedene Substrate

Substrat	Brennwert (kJ/g)	Energieäquivalent (kJ/l O_2)
Fett	38,9	19,6
Ethanol	29,7	20,3
Protein	17,2	18,8
Kohlenhydrate	17,2	17,8
Glukose	15,7	21,0

 Klinik: Metabolisches Syndrom
Aus der Tabelle können Sie die Ursache für das massenhafte Auftreten von Zivilisationskrankheiten ablesen: falsche Zusammensetzung der Nahrung („Bier und Pommes") bei mangelhafter körperlicher Aktivität führt zu einem Überangebot an Nährstoffen. Diese werden „für die schlechten Zeiten" in Speicherfett angelegt. Folge: Das **metabolische Syndrom**, bestehend aus dem „tödlichen Quartett" erhöhte Blutfette, Diabetes mellitus, arterielle Hypertonie und Übergewicht, verursacht die überwiegende Anzahl von Herz-Kreislauf-Erkrankungen (Herzinfarkt, Schlaganfall).

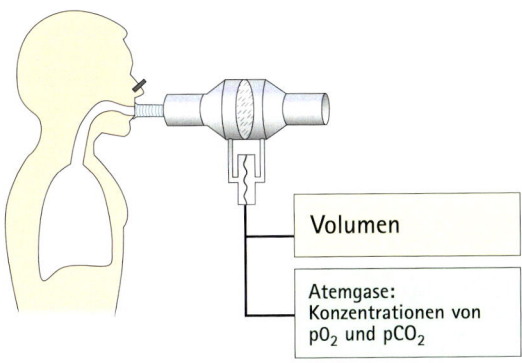

| Volumen |
| Atemgase: Konzentrationen von pO_2 und pCO_2 |

Fahrradergometer

Abb. 6–2
Der Energieumsatz wird mit indirekten kalorimetrischen Methoden wie z. B. der Ergospirometrie aus dem O_2-Verbrauch bestimmt.

6

6.1.5 Energiegewinnung des Muskels

(→ Abb. 6-3) Kurzfristig kann der Muskel Energie aus ATP gewinnen. Die ATP-Speicher des Körpers reichen für ca. 1–2 Sekunden. Deshalb muss ATP durch Kreatinphosphat sofort regeneriert werden (Lohmann-Reaktion). Kreatinphosphat kann für ca. 20–30 Sekunden die Energiebereitstellung des Körpers gewährleisten. Dann muss durch die anaerobe Glykolyse neues ATP gewonnen werden. Die Energiegewinnung durch die anaerobe Glykolyse kann erst nach ca. 60 Sekunden auf den aeroben Stoffwechsel umgestellt werden. Während einer Dauerbelastung wird Energie hauptsächlich aus dem aeroben Stoffwechsel bereitgestellt. Zusätzlich kann durch Oxidation von Fettsäuren Energie gewonnen werden.

In der Sport- und Leistungsphysiologie spiegelt sich dieser Vorgang dadurch wider, dass für große Geschwindigkeiten hauptsächlich Energie aus dem anaeroben Stoffwechsel gewonnen wird. Verschiedene Muskelfasertypen sind deshalb auch zu unterschiedlichen Leistungen fähig (→ Tab. 6-4).

Tab. 6–4 Eigenschaften von Muskelfasern

Fasertyp	englische Kurzbezeichnung	Besondere Eigenschaften
I	SO = slow oxidative	ermüdungsresistent, vorwiegend Haltearbeit
IIa	FOG = fast oxidative and glycolytic	ermüdungsresistent
IIb	FG = fast glycolytic	ermüdbar

Die Zusammensetzung der Muskulatur ist genetisch bestimmt, kann jedoch durch Training verändert werden. Die maximale Kraftentwicklung des Muskels ist unabhängig vom Muskelfasertyp.

6.1.6 Muskelarbeit

Bei Arbeitsbelastung nimmt die Durchblutung der Skelettmuskulatur überproportional zu. Im Vergleich dazu bleibt die Gehirndurchblutung auch unter Arbeitsbelastung nahezu konstant .
Zu Beginn der Arbeit muss die Muskulatur eine **Sauerstoffschuld** (→ Abb. 6-4) eingehen, weil der Energiebedarf des Muskels sofort ansteigt, während die Durchblutung und der aerobe Stoffwechsel erst nach einer Latenzzeit ansteigen. Zunächst wird Milchsäure gebildet, die während der konstanten Phase der Arbeitsbelastung („steady state") nicht abgebaut werden kann, da die Enzymsysteme maximal ausgelastet sind. Erst nach Ende der Arbeit kann die Milchsäure verstoffwechselt werden. Es entstehen CO_2 und Wasser. Durch die erhöhte CO_2-Abgabe nach Beendigung der Arbeit wird die Sauerstoffschuld getilgt.
Ermüdende Arbeit führt nicht zu einer Plateauphase der Herzfrequenz („steady state"), sondern zu einem fortdauernden Anstieg der Herzfrequenz (→ Abb. 6-4).

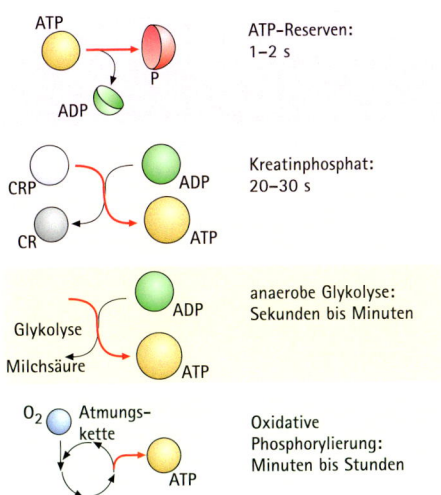

Abb. 6-3
Da die ATP-Reserven nur für Sekunden ausreichen, basiert die Energiegewinnung im Muskel auf schneller Regeneration des ATP aus Kreatinphosphat und bei länger dauernder Belastung auf anaerobem und aerobem Stoffwechsel.

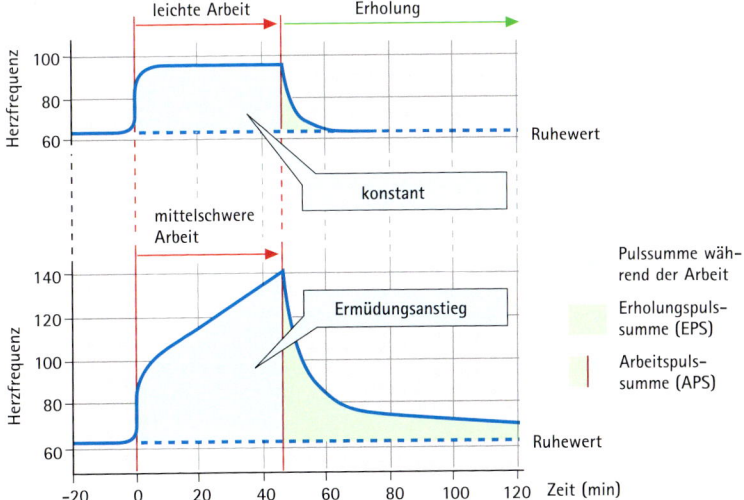

Abb. 6-4
Bei der nichtermüdenden Arbeit erreicht die Herzfrequenz ein Plateau, während bei ermüdender Arbeit die Herzfrequenz stetig ansteigt (Ermüdungsanstieg).

6

6.2 Temperaturregulation

Die Körpertemperatur des Menschen wird in einem sehr engen Bereich konstant gehalten und unterliegt einem Regelkreis (→ Abb. 6-5). Die Grenzen liegen bei 35° C (darunter spricht man von Hypothermie) und 39° C (darüber spricht man von Hyperthermie oder Fieber). Die Einstellung der Körpertemperatur geschieht über das vegetative Nervensystem oder über Verhaltensänderungen (Kleidung, Heizung, Klimaanlage etc.). Die Wärmebildung im Körper ist außerdem abhängig von der Lufttemperatur („wind chill", gefühlte Temperatur). Die Wärmeabgabe des Körpers erfolgt zu etwa 60 % durch Wärmestrahlung, zu etwa 20 % durch Verdunstung und zu etwa 20 % durch Konvektion (Leitung).

Thermorezeptoren liegen als so genannte Kaltpunkte in der Haut. Sie sind freie Nervenendigungen von Aδ- und C-Fasern. Außerdem gibt es zentrale Thermorezeptoren in der Regio praeoptica. Die Effektorneurone liegen im Hypothalamus.

Die Bildung von Körperwärme geschieht durch Kältezittern oder durch Verbrennung von braunem Fettgewebe (zitterfrei). Dazu wird ein Protonenkanal, das Thermogenin-Protein (Synonym: UCP 1 = uncoupling protein 1), in die Zellmembran der Fettzellen eingebaut.

Die Wärmeabgabe erfolgt über die Regulation der Hautdurchblutung durch das sympathisch-adrenerge System. Besonders in den drei funktionellen Regionen Stirn/Kopf, Akren, Rumpf/proximale Extremitäten reguliert das Gewebshormon Bradykinin, das in den Schweißdrüsen gebildet wird, die Vasodilatation. Durch vermehrten Blutfluss kann mehr Wärme abgegeben werden. Die Rektaltemperatur dagegen unterliegt einer zirkadianen Rhythmik und ist hormonell beeinflusst, besonders durch Progesteron (Ovulation!) (→ Abb. 6-5).

6.2.1 Pathophysiologie des Wärmehaushalts

Bei einer Hypothermie von etwa 30–32° C kommt es zu Bewusstlosigkeit, ab etwa 25–27° C zu Kammerflimmern und zum Tod.

Bei der „malignen Hyperthermie" kommt es aufgrund einer genetischen Disposition zu einer Medikamentenüberempfindlichkeit, z. B. nach Gabe des Muskelrelaxans Dantrolen, wobei die Körpertemperatur immer mehr ansteigt, bis Proteine nicht mehr richtig arbeiten können (ab ca. 42° C). Unbehandelt führt dies zum Tod.

Beim Fieber kommt es dagegen zu einer Erhöhung des Sollwerts der Körperkerntemperatur. (→ Abb. 6-6). Durch Lipopolysaccharide aus der Membran gramnegativer Bakterien werden Makrophagen aktiviert, die Zytokine (bes. TNF-a, IL1 und IL6) ausschütten. Dadurch wird das Enzym Zyklooxygenase (COX) aktiviert, das die Ausschüttung von Prostaglandin E2 bewirkt und Nervenzellen im Hypothalamus aktiviert. Fiebersenkende Medikamente, wie z. B. die Acetylsalicylsäure, hemmen die Zyklooxygenase.

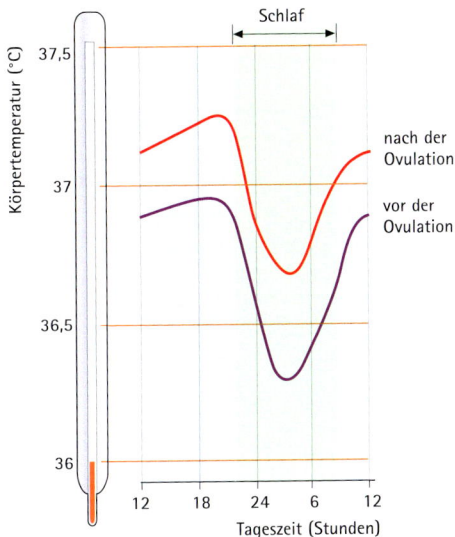

Abb. 6-5
Die Körpertemperatur unterliegt – wenn auch in engen Grenzen – einer zirkadianen Rhythmik, die mit der ungefähren körperlichen Aktivität korreliert. Im weiblichen Ovulationszyklus ist die Temperaturkurve in den Tagen nach der Ovulation nach oben verschoben.

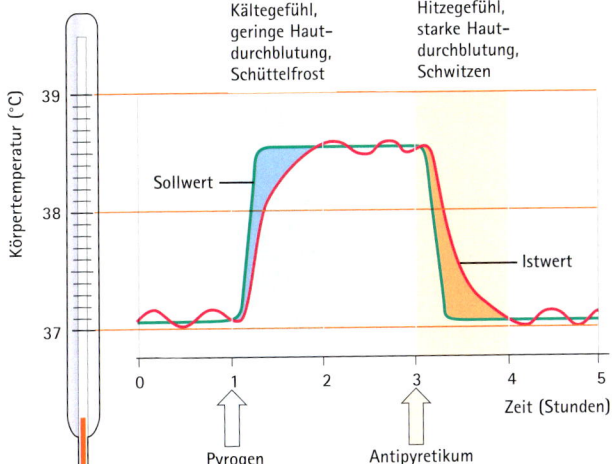

Abb. 6-6
Bei Fieber wird die Körpersolltemperatur im Hypothalamus heraufgesetzt, die Körperisttemperatur folgt entsprechend. Antipyretische (fiebersenkende) Medikamente verstellen den Sollwert nach unten.

7

7.1 Nierenfunktion

Die Niere zählt neben der Haut, der Lunge und dem Darm zu den Ausscheidungsorganen.

> **!** **Merke!** Die Leber bereitet Stoffe durch biochemische Veränderungen zur Ausscheidung vor, gibt diese jedoch nur in das Blut oder die Gallenflüssigkeit ab!

Funktionen der Niere:
1. Regulation des Wasser- und Elektrolythaushalts durch
   - Isoionie (Konstanthalten der Ionenverteilung)
   - Isotonie (Konstanthalten der Osmolarität)
   - Isohydrie (Konstanthalten des pH-Werts)
   - Isovolämie (Konstanthalten des Volumens)
2. Ausscheidung von
   - fixen Säuren
   - Harnstoff, Harnsäure, Ammoniak
   - Xenobiotika (v. a. Pharmaka)
3. Rückgewinnung von
   - Glukose und anderen Zuckern
   - Aminosäuren und kleinen Proteinen wie z. B. Galaktose
4. Produktion von Hormonen und bioaktiven Peptiden:
   - Erythropoetin → steigert die Erythrozytenproduktion
   - Kalzitriol → reguliert den Kalzium- und Phosphat-Haushalt
   - Renin (Protease, kein Hormon) ⎫
   - Prostaglandine ⎬ beeinflussen den Gefäßtonus
5. Stoffwechsel:
   - Glukoneogenese
   - Arginin-Bildung
   - Protein- und Peptidabbau

7.2 Schematische Anatomie der Niere

Die Funktionseinheiten der Niere spiegeln sich in ihrem Feinbau wider (→ Abb. 7-1):
1. Filtration:
   - Glomerulum
2. Resorption und Sekretion:
   - proximaler Tubulus
   - Henle-Schleife
   - distaler Tubulus
   - Sammelrohr

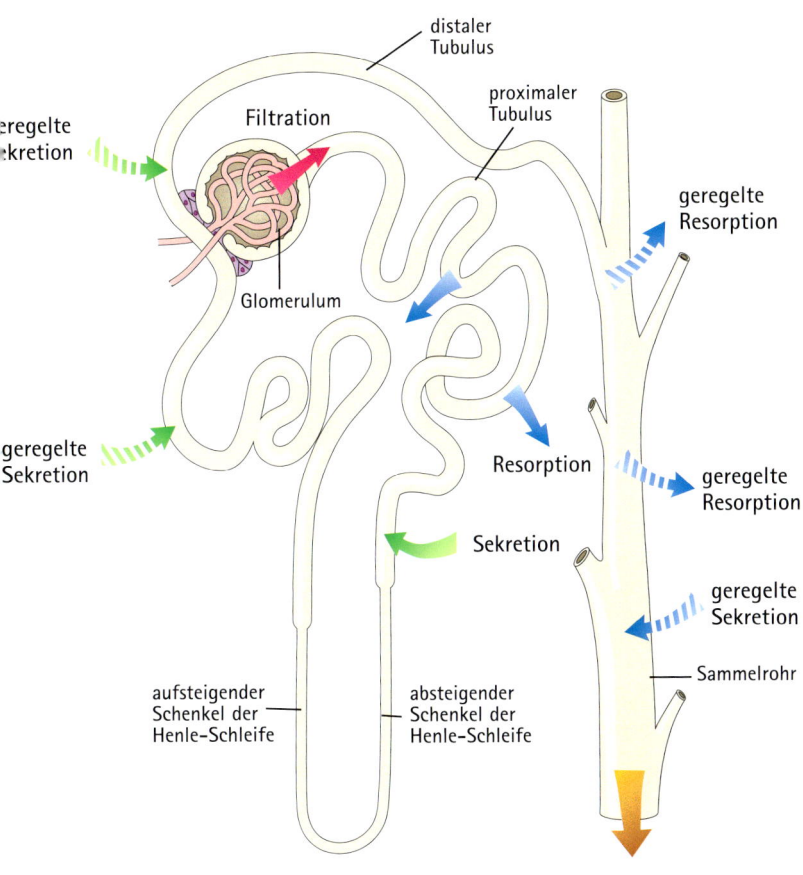

geregelte
Sekretion

distaler
Tubulus

Filtration

proximaler
Tubulus

geregelte
Resorption

Glomerulum

geregelte
Sekretion

Resorption

geregelte
Resorption

Sekretion

geregelte
Sekretion

aufsteigender
Schenkel der
Henle-Schleife

absteigender
Schenkel der
Henle-Schleife

Sammelrohr

Ausscheidung

Abb. 7–1
Die verschiedenen Abschnitte des Nephrons dienen spezifischen Aufgaben: Im Glomerulum finden Filtrationsvorgänge statt, entlang des Tubulussystems Sekretion und Resorption.

7

7.3 Clearance-Konzept, Fick'sches Prinzip:

Die ausgeschiedene Menge einer Substanz entspricht der aus dem Plasma entfernten Menge (→ Abb. 7-2). Die Clearance ist dabei definiert als ein „virtuelles" Volumen, das in einer bestimmten Zeit vollständig von der Substanz „befreit" werden kann. Es gilt:

$dV/dt \cdot U = P \cdot C \rightarrow C = dV/dt \cdot U/P$

dV/dt: Harn-Zeit-Volumen (l/min); U: Urinkonzentration (mol/l); P: Plasmakonzentration (mol/l); C: Clearance (l/min)

7.4 Messung der glomerulären Filtrationsrate (GFR)

Die GFR kann mithilfe einer Clearance-Messung bestimmt werden. Die Substanz muss dafür
- frei filtrierbar (<5 nm, <30 kDa, positiv geladen oder neutral),
- nicht resorbiert,
- nicht sezerniert und
- leicht zu messen sein.

Ideal zur GFR-Messung ist das Inulin. Diese pflanzliche Substanz ist mit 5 kDa sehr klein, muss jedoch i. v. gegeben werden, da sie nicht oral resorbiert wird. Deshalb verwendet man heute das mit etwa 130 Da ebenfalls sehr kleine körpereigene Kreatinin. Kreatinin ist ein Abbauprodukt des Kreatins aus dem Muskelstoffwechsel. Leider wird es zusätzlich tubulär sezerniert (ca. 10–40 %). Trotzdem ist die GFR-Messung mit Kreatinin unter Standardbedingungen sehr zuverlässig.

$GFR = C_{Inulin} = $ ca. 125 ml/min = 180 l/d, da Inulin weder resorbiert noch sezerniert wird.

Die GFR-Messung mit Kreatinin (Kreatinin-Clearance) ist nur ein Verlaufsparameter für das Nierenversagen, nicht aber zur Frühdiagnose geeignet, da die Kreatinin-Clearance wegen des großen Streubereichs der Normalwerte bis zum Verlust von etwa 50 % der Nephrone (eine Niere!) normal bleibt (→ Abb. 7-3).

7.5 Filtrationsdruck

Die eigentliche treibende Kraft für die glomeruläre Filtration ist der Filtrationsdruck (→ Abb. 7-4). Dieser berechnet sich nach:

$P_{eff} = \Delta p - \Delta \pi = (pK - pG) - (\pi K - \pi G)$

P_{eff}: effektiver Filtrationsdruck; Δp: hydrostatische Druckdifferenz; $\Delta \pi$: onkotische Druckdifferenz zwischen Kapillare und Kapselraum; pK: hydrostatischer Druck in der Kapillare, pG: hydrostatischer Druck im Glomerulum; πK: onkotischer Druck in der Kapillare; πG: hydrostatischer Druck im Glomerulum

Normalwerte: pK = 50 mmHg, pG = 15 mmHg, πK = 25 mmHg, πG = ca. 0 mmHg, d. h. P_{eff} = ca. 10 mmHg

➕ **Klinik:** Eine Entzündung der Glomerula (Glomerulonephritis), eine Zunahme des kolloidosmotischen Drucks (z. B. erhöhte Proteinkonz. bei geringer Trinkmenge) oder eine Abnahme des hydrostatischen Drucks (z. B. akutes Kreislaufversagen) führen zu einer verminderten GFR und damit zu Nierenversagen.

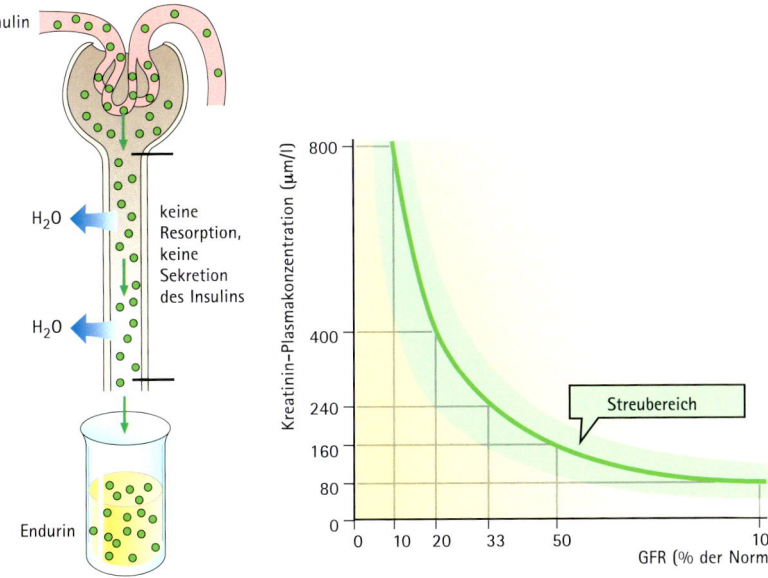

Abb. 7-2
Mit dem Fick'schen Prinzip lässt sich die glomeruläre Filtrationsrate (GFR) bestimmen. Für eine
geeignete Substanz (z. B. Inulin oder Kreatinin)
besagt es, dass die ausgeschiedene Menge der
filtrierten Menge entsprechen muss, wenn keine
Resorption und Sekretion stattfinden. Die aus
ausgeschiedenem Volumen, Harn- und
Plasmakonzentrationen berechnete Kreatinin-
(oder Inulin-) Clearance entspricht der GFR.

Abb. 7-3
Die Kreatinin-Konzentration im Plasma weicht erst bei
Ausfall von etwa 50 % der Nephrone (d. h. 1 Niere aus-
gefallen!) vom Normbereich ab. Sie ist damit für die
Früherkennung des Nierenversagens ungeeignet, kann
jedoch als Verlaufsparameter z. B. in der Dialyse verwendet werden.

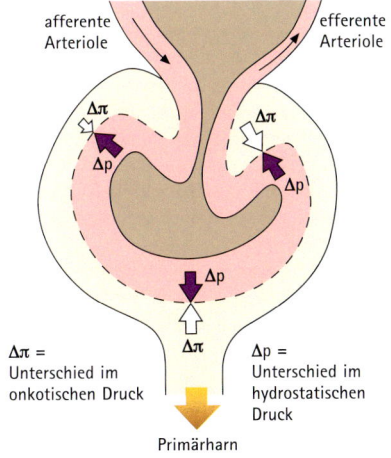

Abb. 7-4
Die treibende Kraft der glomerulären Filtration
setzt sich aus den hydrostatischen und onkotischen
Druckdifferenzen zwischen Blut und Primärharn
zusammen.

$\Delta\pi =$
Unterschied im
onkotischen Druck

$\Delta p =$
Unterschied im
hydrostatischen
Druck

7

7.6 Tubuläre Resorption

Eine der Hauptaufgaben der Niere ist die Rückgewinnung von Ionen, Elektrolyten und wichtigen Nährstoffen, die dem Körper nicht verloren gehen sollen. Entlang des Tubulussystems gibt es Orte, in denen die Rückgewinnung nach konstanten Mechanismen meist über Transportproteine vor sich geht, während an anderen Orten die Rückgewinnung unter hormonalem Einfluss steht und durch Konzentrationsgradienten bedingt ist.

Für wichtige Substanzen gibt folgende Liste die Hauptorte der Resorption an (→ Abb. 7-5):

1. **Glukose:** Na^+-Glc-Kotransporter, bei einem Schwellenwert von über 180 mg/dl im Blutplasma (= wie im Primärharn) kann Glukose nicht mehr resorbiert werden, weil alle Transportsysteme gesättigt sind (**Klinik:** Diabetes mellitus).
2. **Wasser:** Resorption:
   - 60 % proximal, konstant, solvent drag
   - 20 % Henle-Schleife, nur Pars descendens, da Pars ascendens wasserimpermeabel
   - 20 % distal, Feineinstellung über ADH, Wasserkanäle (Aquaporine)

> **!** Merke! Wasser folgt einem treibenden Konzentrationsgradienten immer nur passiv nach!

3. **Natrium:**
   - 60 % proximal, isoosmot
   - 30 % Henle-Schleife, Na^+-K^+-$2Cl^-$-Transporter bei Wasserimpermeabilität
   - 10 % distal, Feineinstellung über Aldosteron (NNR, Mineralkortikoid, Enzyminduktion), aktiver Transport gegen hohen Konzentrationsgradienten (Na-K-ATPase), transtubuläre elektrische Potenzialdifferenz: Lumen negativ, Interstitium positiv, Sekretion von K^+ und H^+ passiv!
4. **Kalium:**
   - 50–80 % proximal, unabhängig von Ernährung
   - 10–40 % distal = Resorption bei K^+-armer Kost **oder**
   - 100–150 % distal = Sekretion bei K^+-reicher Kost
5. **Aminosäuren:** verschiedene Transportsysteme für verschiedene AS-Gruppen (ca. sieben)
6. **Harnstoff:** diureseabhängig, Protein-Stoffwechsel-Abbauprodukte
7. **Säure-Basen-Haushalt** (→ Kap. 4, S. 106):
   - Na^+-H^+-Austauschpumpe, Pufferung durch $H^+ + HCO_3^- \rightarrow H_2O + CO_2$, Diffusion und Rückgewinnung, Carboanhydrase: Basensparmechanismus (Pump- und Leck-Mechanismus)
   - Ausscheidung titrierbarer Säuren (SO_4^{2-}, PO_4^{3-})
   - Ammoniakmechanismus NH_4^+ (aus Glutaminstoffwechsel)

Die Resorption kann auch als Differenz zwischen Filtration und Ausscheidung definiert werden. Es gilt:

$$T = GFR \cdot P - dV/dt \cdot U$$

T: tubuläre Resorption; GFR: glomeruläre Filtrationsrate; P: Plasmakonzentration; dV/dt: Harnzeitvolumen; U: Urinkonzentration

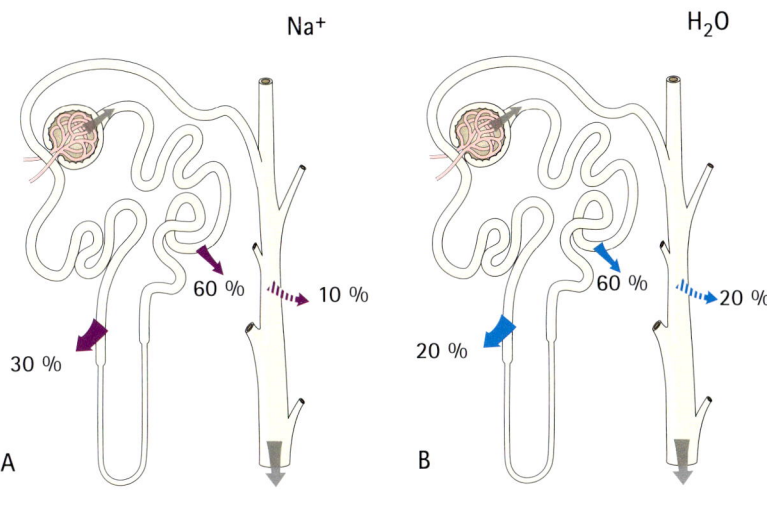

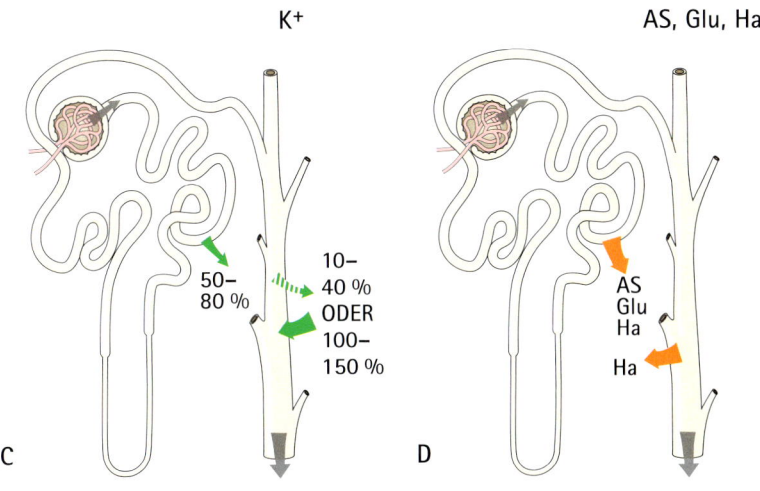

Abb. 7–5
In den einzelnen Nephronabschnitten finden unterschiedlich starke Regulationen für die Rückgewinnung oder Ausscheidung von Na^+, H_2O, K^+, Aminosäuren (AS), Glukose (Glu), Harnstoff (Ha) und anderen Substanzen statt.

7

7.7 Tubuläre Sekretion

Bestimmte Substanzen werden aber auch in das Tubulussystem abgegeben, um z. B. Stoffwechselendprodukte oder durch die Nahrung aufgenommene Fremdstoffe, wie z. B. Medikamente, wieder aus dem Körper zu eliminieren.

i   **Hinweis:** Das Verb heißt „sezernieren", nicht „sekretieren" (trotz engl. to secrete).

7.8 Nierendurchblutung

7.8.1 PAH-Clearance

Gemäß dem Clearance-Konzept kann die Nierendurchblutung durch eine Substanz gemessen werden, die bei einem Durchlauf durch die Niere vollständig aus dem Nierenvenenblut entfernt wird. Eine solche Substanz ist z. B. die Paraaminohippursäure (PAH). Die Berechnung des renalen Plasmaflusses (RPF) erfolgt nach:

$$RPF \cdot (Pa - Pv) = U \cdot dV/dt$$

Pa – Pv: arteriovenöse Konzentrations-Differenz; U: Urinkonzentration; dV/dt: Harnzeitvolumen

Der effektive renale Plasmafluss (ERPF) liegt etwa 10 % höher als der RPF.

$$ERPF = C_{PAH}$$

$$PAH: Pv = 0 \quad \rightarrow \quad C_{PAH} = \frac{U_{PAH}}{P_{PAH}} \cdot \frac{dV}{dt} = ERPF = RPF \cdot 0,9$$

Der renale Blutfluss (RBF) ist noch abhängig vom jeweiligen Hämatokrit und errechnet sich als
$$RBF = RPF/(1-Hkt)$$

7.8.2 Filtrationsfraktion (FF)

Die Filtrationsfraktion (FF) (→ Abb. 7-6) gibt den Anteil des filtrierten Blutplasmas (GFR) am Plasmavolumen, das durch die Niere strömt (ERPF), an:

$$FF = \frac{GFR}{ERPF} = \frac{C_{Inulin}}{C_{PAH}} = ca. \ 0,2$$

D. h., etwa 10 % des Nierenblutes (korrigiert für den Hämatokrit!) wird tatsächlich filtriert.

7.8.3 Autoregulation der Nierendurchblutung

Die Nierendurchblutung wird im Bereich von 100–200 mmHg konstant gehalten (→ Abb. 7-7) durch
1. den Bayliss-Effekt (Dehnung des Blutgefäßes von innen führt zu Kontraktion) und
2. die intrarenale Na^+-Rückkopplung durch
   - einen Na^+-Sensor in der Macula densa und
   - den Renin-Angiotensin-Mechanismus (Goldblatt-Mechanismus, → Kap. 4, S. 66).

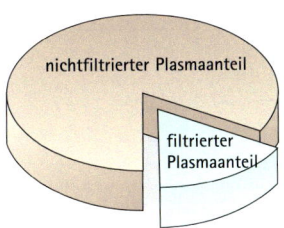

Abb. 7-6
Nur etwa ein Fünftel der Plasmamenge, die die Niere durchströmt, wird auch filtriert.

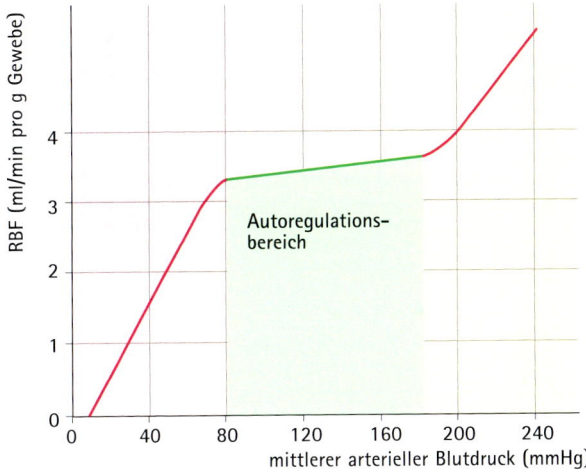

Abb. 7-7
Die Autoregulation der Nierengefäße hält die Durchblutung der Niere im Blutdruck-Bereich von etwa 80–170 mmHg konstant.

7.10 Harnkonzentrierung

Das Glomerulumfiltrat (= Primärharn) entspricht in seiner osmotischen Zusammensetzung dem Blutplasma und ist damit plasmaisoton (ca. 300 mosm/l).
Die Harnkonzentrierung (→ Abb. 7-8) erfolgt hauptsächlich durch die Funktion der Henle-Schleife. Die Konzentrierleistung ist direkt von der Länge der Henle-Schleife abhängig. Durch das Gegenstromprinzip wird eine Multiplikation eines Einzelkonzentrationseffektes erreicht.

Wichtige Voraussetzung für die Gegenstrommultiplikation ist die Wasserundurchlässigkeit des aufsteigenden Teils der Henle-Schleife und die Na^+-K^+-$2Cl^-$-Transportpumpe. Diese erzeugt einen osmotischen Gradienten im Nierenmark, so dass an der Spitze der Henle-Schleife die höchste Konzentration an gelösten Substanzen besteht (ca. 1.200 mosm/l), während der Harn am Ende der Henle-Schleife hypoton ist (ca. 100 mosm/l). Der Konzentrationseffekt des Urins wird durch die erneute Vorüberleitung am osmotischen Gradienten im Nierenmark erreicht, indem nun dem Urin im Sammelrohr das Wasser entzogen wird, das in das Nierenmark abfließt. Dadurch wird der Urin wieder hyperton (ca. 1.200 mosm/l).

i   **Hinweis:** Pharmakologie: die Na^+-K^+-$2Cl^-$-Transportpumpe ist durch so genannte Schleifendiuretika wie z. B. Furosemid hemmbar. Dadurch kann sich im Nierenmark kein osmotischer Gradient bilden, der Harn kann nicht konzentriert werden, und Wasser wird ausgeschieden.

Durch ADH-Mangel (s. unten) bleibt das Sammelrohr wasserundurchlässig und Wasser wird ausgeschieden. Dies kommt zum Beispiel bei Volumenbelastung durch große Trinkmengen zustande.

✚   **Klinik:**
- Volhard'scher Trinkversuch zur Harnkonzentrierung: In kurzer Zeit wird ein Liter Wasser getrunken und die Urinosmolarität gemessen. Nach einer kurzen Phase mit hypotonem Harn kann sehr schnell wieder konzentrierter Urin ausgeschieden werden. Dieser Funktionstest misst sowohl die ADH-Produktion und -ausschüttung in der Hypophyse als auch die ADH-Wirkung in der Niere.
- Diabetes insipidus: Durch Schädigung der Hypophyse (z. B. Trauma, Infarkt, genetisches Syndrom) kann kein ADH gebildet werden oder die ADH-Wirkung in der Niere ist vermindert.

7.11 Osmoregulation

Die osmotische Konzentration des Blutplasmas wird durch Osmorezeptoren im Hypothalamus gemessen. Durch nervöse Verbindungen zur Hypophyse wird das Antidiuretische Hormon (ADH, Arginin-Vasopressin) freigesetzt, wenn die Plasmaosmolarität ansteigt. Die Sekretion wird bei sinkender Plasmaosmolarität gehemmt.

Durch die Dehnung der Herzvorhöfe wird dem Gehirn eine Volumenbelastung mitgeteilt und es wird ebenfalls weniger ADH ausgeschüttet (Henry-Gauer-Reflex). Zusätzlich wird aus dem Herzen der atriale natriuretische Faktor (ANF) freigesetzt. Lokal wird in der Niere Urodilatin gebildet. Damit sollen die Ionenverteilungen im Extrazellulärraum und Intrazellulärraum konstant gehalten werden (→ Kap. 1, S. 12).

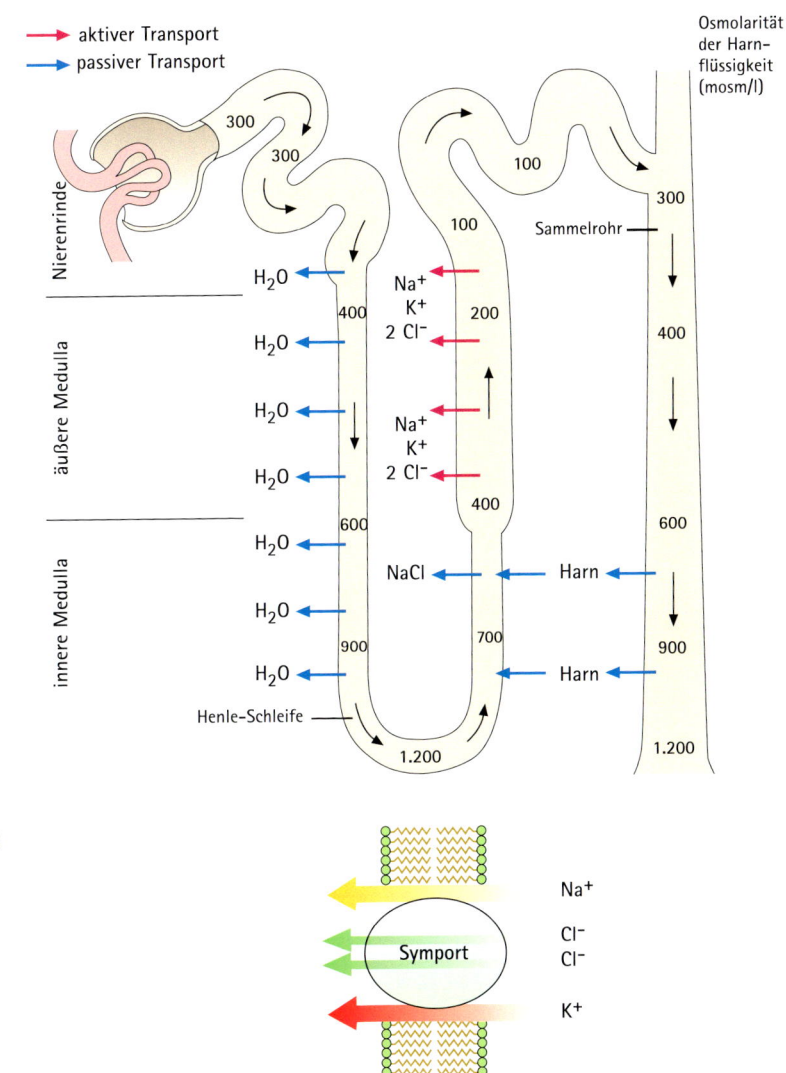

Abb. 7-8
Die Harnkonzentrierung basiert zum einen auf dem Gegenstromprinzip der Henle-Schleife (A), die für die Konzentrationserhöhung von Substanzen an der Schleifenspitze in Tubulus und Interstitium sorgt und zum anderen auf dem Na⁺-K⁺-2Cl⁻-Transporter (B) bei gleichzeitiger Wasserimpermeabilität des aufsteigenden Schenkels, so dass sich ein Konzentrationsgradient bildet.

7.12 Diureseformen

1. Antidiurese

   Unter physiologischen Bedingungen werden bei einer glomerulären Filtrationsrate (GFR) von 120 ml/min (= 180 l/d) nur 1 ml/min (= 1,5 l/d) Urin ausgeschieden, d. h. nur ca. 1 % der GFR.

2. Wasserdiurese

   Bei vermehrter Flüssigkeitsmenge im Extrazellulärraum, z. B. durch Trinken, wird die ADH-Ausschüttung aus der Hypophyse gebremst und damit Wassertransporter (Aquaporine) im distalen Tubulus/Sammelrohr vermindert eingebaut. Es folgt eine vemehrte Wasserausscheidung bis ca. 20 ml/min.

3. Salurese (Natriurese) (→ Abb. 7-9)

   Durch Hemmung der Reabsorption von Na^+ im aufsteigenden Schenkel der Henle-Schleife, z. B. durch Schleifendiuretika wie Furosemid, kann kein oder nur ein geringer osmotischer Gradient im Interstitium aufgebaut werden. Damit bleibt Wasser im distalen Tubulus bzw. Sammelrohr und wird ausgeschieden.

4. Osmotische Diurese (→ Abb. 7-9)

   Osmotisch wirksame Substanzen bleiben im Primärharn (Glukose, Mannitol) → Wasser bleibt gebunden.

5. Druckdiurese (→ Abb. 7-10)

   Ein Anstieg des arteriellen Blutdrucks führt zu einer vermehrten Filtratmenge und damit auch zu vermehrter Volumenausscheidung. Außerdem wird das Renin-Angiotensin-Aldosteron-System aktiviert (→ Kap. 4, S. 66).

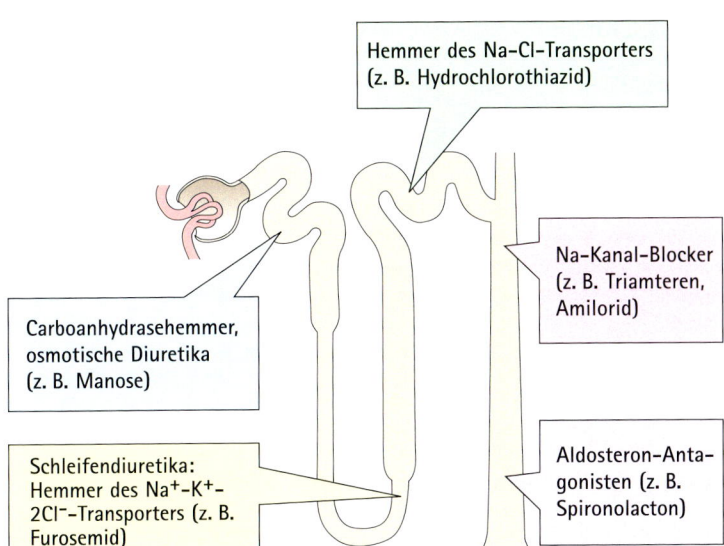

Abb. 7-9
Diuretika üben ihre ausscheidungsfördernde Wirkung an verschiedenen Abschnitten des Nephrons aus.

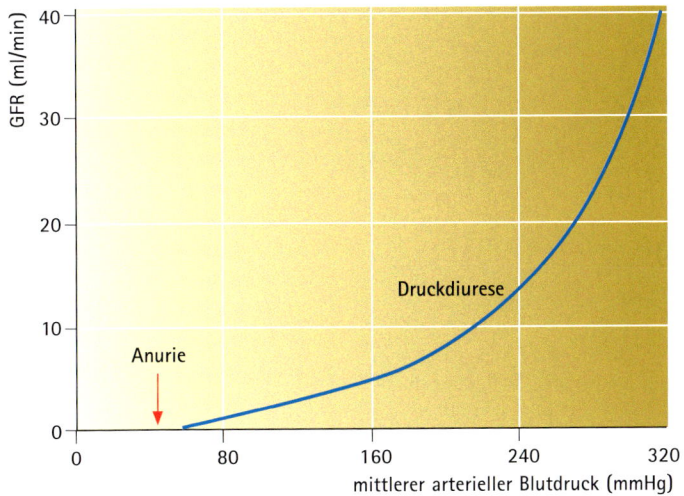

Abb. 7-10
Mit steigendem Blutdruck steigt auch die renale Ausscheidung (Druckdiurese z. B. bei Hypertonie). Unterhalb eines Blutdrucks von ca. 50–60 mmHg erliegt die Nierenfunktion (Anurie z. B. im Kreislaufschock).

7

7.13 Elektrolyt- und Wasserhaushalt

Wasser ist das eigentliche „Molekül des Lebens", es ist an zahlreichen biochemischen Reaktionen beteiligt und dient dem Transport von Substanzen und Temperatur. Voraussetzung für einen konstanten Wassergehalt des Körpers ist eine ausgeglichene Wasserbilanz.

Die tägliche Wasserbilanz eines Menschen (→ Abb. 7-11) besteht in der Aufnahme von etwa 2,6 Litern (1,4 l durch Trinken, 0,9 l durch Essen, 0,3 l Oxidationswasser) und in der Abgabe von ebenfalls 2,6 Litern (0,9 l durch Verdunstung, 0,2 l im Stuhl und 1,5 l im Urin).

Der Anteil des Wassers am Körpergewicht heißt Gesamtkörperwasser und ist stark abhängig vom Lebensalter. Während beim Säugling Wasser noch etwa 75 % des Körpergewichts ausmacht, sinkt der Wasseranteil beim älteren Erwachsenen auf etwa 50 %.
Der durchschnittliche Körperwasseranteil von 60 % setzt sich zusammen aus ca. 35 % Intrazellulärflüssigkeit und 25 % Extrazellulärflüssigkeit. Diese wiederum enthält 19 % interstitielle Flüssigkeit, 4,5 % Plasmawasser und 1,5 % so genanntes transzelluläres Wasser wie z. B. Liquor cerebrospinalis, Tränen, Darmdrüsensekret.

Die Zusammensetzung der Wasserkompartimente ist sehr unterschiedlich: Plasma ist sehr proteinreich, Intra- und Extrazellulärflüssigkeit unterscheiden sich in ihrer Ionenzusammensetzung, das hauptsächlich extrazellulär vorkommende Natrium bestimmt das Extrazellulärvolumen.

Veränderungen des Wasservolumens und des Salzgehalts wird durch
  ▸ Durst → vermehrte oder verminderte Salz- und Wasseraufnahme sowie
  ▸ Regulation der Diurese in der Niere → vermehrte oder verminderte Salz- und Wasserausscheidung entgegengewirkt.

7.14 Säure-Basen-Haushalt

Die Regulation des Säure-Basen-Haushalts dient der Homöostase des Körpers. Die Struktur von Proteinen und die Funktion von Enzymen verändert sich abhängig vom pH-Wert. Durch die Ausscheidungsorgane Niere und Lunge können die Konzentrationen von H^+-Ionen und CO_2 sehr genau reguliert werden.

! **Merke!** Dissoziationsgleichung von Kohlensäure: $H^+ + HCO_3^- \leftrightarrow H_2CO_3 \leftrightarrow H_2O + CO_2$

Das Enzym Carboanhydrase vermittelt diese Reaktion im Körper überall dort, wo ein H^+-Gradient aufgebaut werden soll, also z. B. im Tubulussystem der Niere (→ Abb. 7-12) und in der Schleimhaut von Magen und Darm.

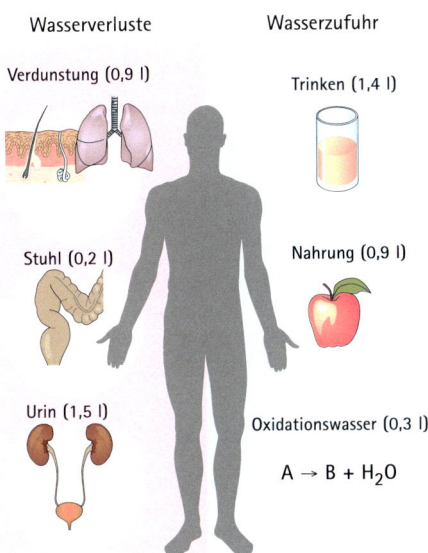

Wasserverluste

Wasserzufuhr

Verdunstung (0,9 l)

Trinken (1,4 l)

Stuhl (0,2 l)

Nahrung (0,9 l)

Urin (1,5 l)

Oxidationswasser (0,3 l)

$$A \rightarrow B + H_2O$$

Abb. 7–11
Die tägliche Flüssigkeitsbilanz ist ausgeglichen zwischen Wasseraufnahme durch Essen, Trinken und Stoffwechsel und Wasserabgabe durch Lunge, Darm, Haut und Niere.

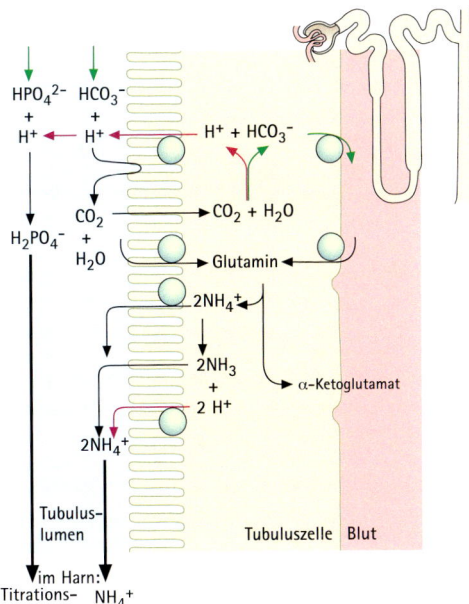

HPO_4^{2-}
+
H^+

HCO_3^-
+
H^+

$H^+ + HCO_3^-$

CO_2

$CO_2 + H_2O$

$H_2PO_4^-$

CO_2
+
H_2O

Glutamin

$2NH_4^+$

$2NH_3$
+
$2 H^+$

α-Ketoglutamat

$2NH_4^+$

Tubuluslumen

Tubuluszelle   Blut

im Harn:
Titrationsazidität NH_4^+

Abb. 7–12
In der Niere wird der pH–Wert des Blutplasmas über molekulare Mechanismen wie (A) die Na^+-H^+-Austauschpumpe und die Carboanhydrase im sog. „Basensparmechanismus" (Pump- und Leck-Mechanismus), (B) die Ausscheidung titrierbarer Säuren wie H_2SO_4, H_3PO_4 und (C) den Ammoniakmechanismus NH_4^+ aus dem Glutaminstoffwechsel reguliert.

7

7.14.1 pH–Wert

Der pH-Wert ist definiert als negativer 10er-Logarithmus der Wasserstoffionenkonzentration. Der pH-Wert am chemischen Neutralpunkt beträgt z. B. 7,0, d. h. es sind 10^{-7} mol H^+-Ionen pro Liter vorhanden. Beim Menschen beträgt der Normalwert im Blutplasma 7,4, bei Werten kleiner 7,35 spricht man von einer Azidose, bei Werten größer 7,45 von einer Alkalose. Werte kleiner als 7,0 oder größer als 7,8 sind tödlich.

Täglich fallen etwa 15 mol flüchtige Säuren (bes. CO_2) und 50 mmol fixe Säuren aus dem Stoffwechsel an. Diese Säuren müssen zunächst durch das Blutplasma abgepuffert und dann ausgeschieden werden. Es gilt das chemische Massenwirkungsgesetz:

$$K' = \frac{[HCO_3^-] \cdot [H^+]}{[CO_2] \cdot [H_2O]}$$

K': Reaktionskonstante

Durch Logarithmieren ergibt sich die Henderson-Hasselbalch-Gleichung:

$$pH = pKs + lg \frac{[HCO_3^-]}{[CO_2]}$$

mit pKs (Plasma) = 6,1 und $[CO_2]$ = 0,03 $\cdot$ pCO_2

Die Normalkonzentrationen für HCO_3^- betragen 24 mmol/l und für $[CO_2]$ 1,2 mmol/l.

Einfluss auf das Gleichgewichtssystem der Henderson-Hasselbalch-Gleichung haben besonders die Pufferbasen (→ Abb. 7-13), zu denen Hämoglobin, Plasmaproteine (besonders Albumin), Phosphat, Sulfat und HCO_3^- gehören. Der Normalwert der Gesamtpufferbasenkonzentration beträgt 48 mmol/l. Der Begriff „Basenabweichung" (engl. base excess, BE) bezeichnet die Differenz zwischen der Normpufferbasenkonzentration und der aktuellen Gesamtpufferbasen-konzentration. Hauptsächlich kann der BE durch metabolische Einflüsse verändert werden. Dazu zählen z. B. vermehrte Milchsäurebildung durch Muskelarbeit oder Ausscheidung von Säuren durch die Niere.

- ▶ Veränderungen durch Hyperventilation: pCO_2 ↓, pH ↑, BE unverändert
- ▶ Veränderungen durch Hypoventilation: pCO_2 ↑, pH ↓, BE unverändert
- ▶ Veränderungen durch kurze Arbeitsbelastung: BE ↑ (Laktat!), pH ↓

Standardbikarbonat: HCO_3^--Wert bei einem pCO_2 von 40 mmHg. Der Normwert beträgt 24 mmol/l. Das Standardbikarbonat wurde früher ähnlich dem BE zur Messung von Veränderungen der Pufferbasen herangezogen. Die Aussage über das Standardbikarbonat ist jedoch ungenauer. Allgemein gilt, dass Standardbikarbonatkonzentrationen im Normbereich auf respiratorische Störungen schließen lassen, während Konzentrationen außerhalb des Normbereichs auf metabolische Störungen hinweisen.

Neuere Konzepte beinhalten den Einfluss stark dissoziierender Säuren, wie z. B. HCl des Magens oder H_2SO_4 der Niere. In der Strong Ion Difference (SID) werden die Konzentrationen der starken Ionen Na^+ und K^+ mit Cl^- verglichen und die Anionenlücke (engl. anion gap) berechnet (→ Abb. 7-14). Dadurch können z. B. Leber- und Nierenfunktionsstörungen besser auseinander gehalten werden.

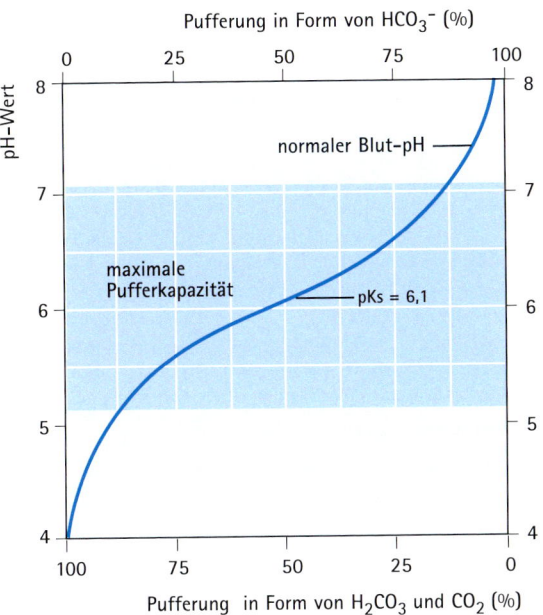

Abb. 7-13
Die Pufferkurve des Blutplasmas zeigt die beste Pufferwirkung um den pKs-Wert von 6,1, von der der tatsächliche Blut-pH-Wert mit 7,4 jedoch weit entfernt liegt.

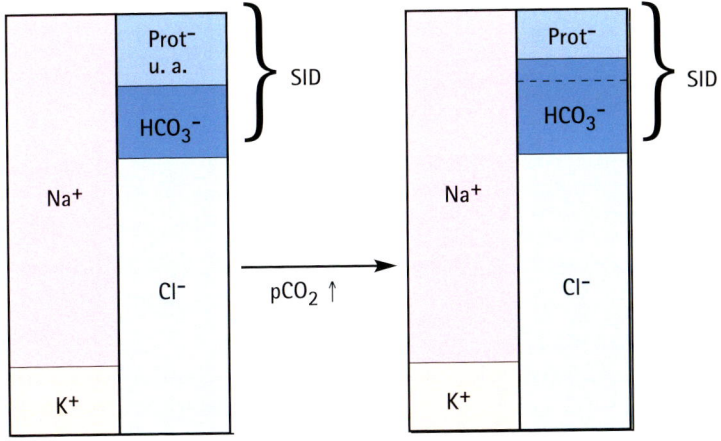

Abb. 7-14
In den Ionogrammen des Blutplasmas können mit der „Strong Ion Difference" (SID) Mechanismen der Säure-Basen-Störungen erklärt werden.

7.14.2 CO_2-Transport im Blut

CO_2 wird nur zu etwa 10 % physikalisch gelöst im Blut transportiert und zu fast 90 % chemisch gebunden (→ Abb. 7-15). Hauptsächlich wird CO_2 in seiner Transportform HCO_3^- im Blut befördert (HCO_3^- ist jedoch nicht direkt messbar.) In Erythrozyten kann HCO_3^- gegen Cl^- ausgetauscht werden, so dass im Gewebe HCO_3^- vom Erythrozyten aufgenommen und Cl^- abgegeben wird. In der Lunge dagegen wird CO_2 abgeatmet, so dass das HCO_3^- vom Erythrozyten wieder abgegeben und Cl^- aufgenommen wird. Diese Chloridverschiebung heißt Hamburger-Shift (→ Kap. 5, S. 82).

Außerdem kann CO_2 abhängig vom jeweiligen Partialdruck an Hämoglobin (Hb) gebunden transportiert werden. Diese Bindung ist abhängig von der O_2-Beladung des Hb, wobei HbO_2 stärker sauer ist als Hb und deshalb schlechter CO_2 aufnehmen kann. Dieses Phänomen heißt Haldane-Effekt (→ Kap. 5, S. 82). Die Bedeutung dieses Effekts liegt in der Unterstützung des CO_2-Austauschs über die Diffusion: bei der Kapillarpassage wird O_2 vom Hb an das Gewebe abgegeben, die CO_2-Bindungsfähigkeit steigt. In der Lunge dagegen nimmt Hb O_2 auf, die CO_2-Bindungsfähigkeit sinkt und das CO_2 wird leichter abgegeben.

7.14.3 Kleine Anleitung für die klinische Säure-Basen-Diagnostik

Normalwerte:
pH: 7,35 – 7,45; Ø 7,4
pCO_2: 35 – 45 mmHg; Ø 40 mmHg
BE: -2,5 – +2,5 mmol/l; Ø 0 mmol/l

1. pH beurteilen:
   - pH <7,35: Diagnose = Azidose
   - pH >7,45: Diagnose = Alkalose
   - pH = 7,35–7,45: keine Störung **oder** Kompensation (→ s. unten)

2. Kann der pCO_2 die pH-Störung erklären? → respiratorische Ursache
   - pCO_2 <35 mmHg (Abatmen!) erklärt Alkalose
   - pCO_2 >45 mmHg (Zurückhalten) erklärt Azidose

3. Kann der BE die pH-Störung erklären? → nicht-respiratorische („metabolische") Ursache
   - BE <-2,5 mmol/l erklärt Azidose
   - BE >+2,5 mmol/l erklärt Alkalose

4. Können sowohl pCO_2 als auch BE die pH-Störung erklären? → kombinierte (respiratorische und nicht-respiratorische) Ursache

5. Gibt es einen Kompensationsmechanismus?
   Beurteilen, ob der jeweilige pCO_2 oder BE der vorliegenden Störung entgegenwirkt (→ s. oben). Ist der pH wieder im Normbereich → vollständig kompensiert, ansonsten → teilweise kompensiert.

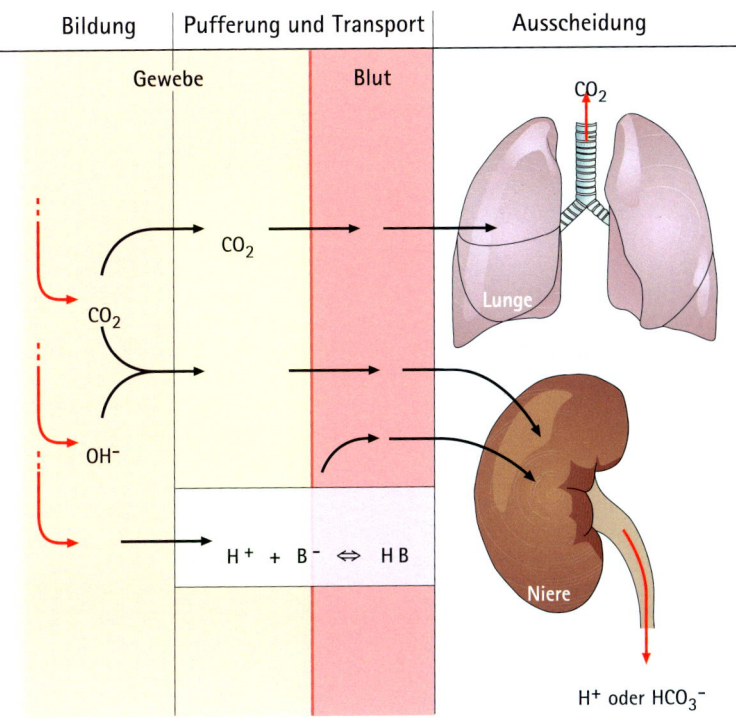

Abb. 7–15
Niere und Lunge sind die beiden Organe, die den Säure-Basen-Status des Blutes in einem engen Rahmen konstant halten.

8

Ernährung und Verdauung dienen der Aufnahme von
▶ Brennstoffen für den Energiestoffwechsel,
▶ Baustoffen für Wachstum und Regeneration,
▶ Wasser und Elektrolyten für die Homöostase und
▶ Spurenstoffen.

8.1 Phasen der Nahrungsaufnahme

Die Nahrungsaufnahme erfolgt in drei Phasen (→ Abb. 8-1):
1. **kephale** Phase: Die Nahrung wird durch Kauen zerkleinert, mit Enzymen aus den Speicheldrüsen vorverdaut und nach dem Schlucken in den Magen transportiert.
2. **gastrale** Phase: Der Magen speichert die Nahrung und erfüllt durch den hohen Salzsäuregehalt eine unspezifische Abwehrfunktion. Der Magensaft enthält Enzyme (Gastrin, Cholezystokinin = Pankreozymin, Pepsinogen) und Muzine zum Schutz der Magenschleimhaut. Proteine werden durch Pepsin bereits im Magen verdaut.
3. **intestinale** Phase: Sobald die Nahrung den Dünndarm erreicht hat, kommt es zu einer Hemmung der Magenmotorik (hormonell?, nerval?). Außerdem wird die Magensaftproduktion gehemmt (durch GIP = Gastro-Intestinales-Peptid, Sekretin etc.). Durch die Duodenaldrüsen und das Pankreassekret wird der saure Speisebrei neutralisiert und durch Zugabe weiterer Enzyme (Lipasen, Ribonukleasen etc.) weiter verdaut. Die einzelnen Nährstoffe werden durch Transportsysteme oder Diffusion aufgenommen, Zucker als Mono- oder Disaccharide, Proteine als Aminosäuren oder Tripeptide und Fette als Emulsion aus Fettsäuren und Glycerin oder Cholesterol. Zusätzlich erfüllt der Darm durch Lymphfollikel eine Immunfunktion.

8.2 Leber

Die Leber sezerniert kontinuierlich Gallenflüssigkeit. Diese wird überwiegend in der Gallenblase gesammelt und auf einen Nahrungsreiz im Duodenum freigesetzt. Die Gallenflüssigkeit ist hauptsächlich für die Resorption von Fetten nötig, ebenso wie für die Auscheidung von Cholesterol und Steroidhormonen sowie von Bilirubin und bestimmten Pharmaka. Etwa 95 % der Gallensäuren werden durch den enterohepatischen Kreislauf im Dickdarm rückresorbiert.
Durch das Einzugsgebiet der Pfortader gelangt das nährstoffhaltige Blut in die Leber und wird dort gefiltert. Die Leber dient als Energiespeicher (Glykogen), zur Energiebereitstellung (Glukoneogenese) und als Umbauorgan für die Entsorgung zahlreicher Stoffwechselendprodukte. Dabei werden wasserunlösliche Substanzen durch chemische Modifikation wasserlöslich gemacht. Besonders Proteine und Peptide werden durch den Abbau in Harnstoff für die Ausscheidung durch die Niere bereit gemacht.

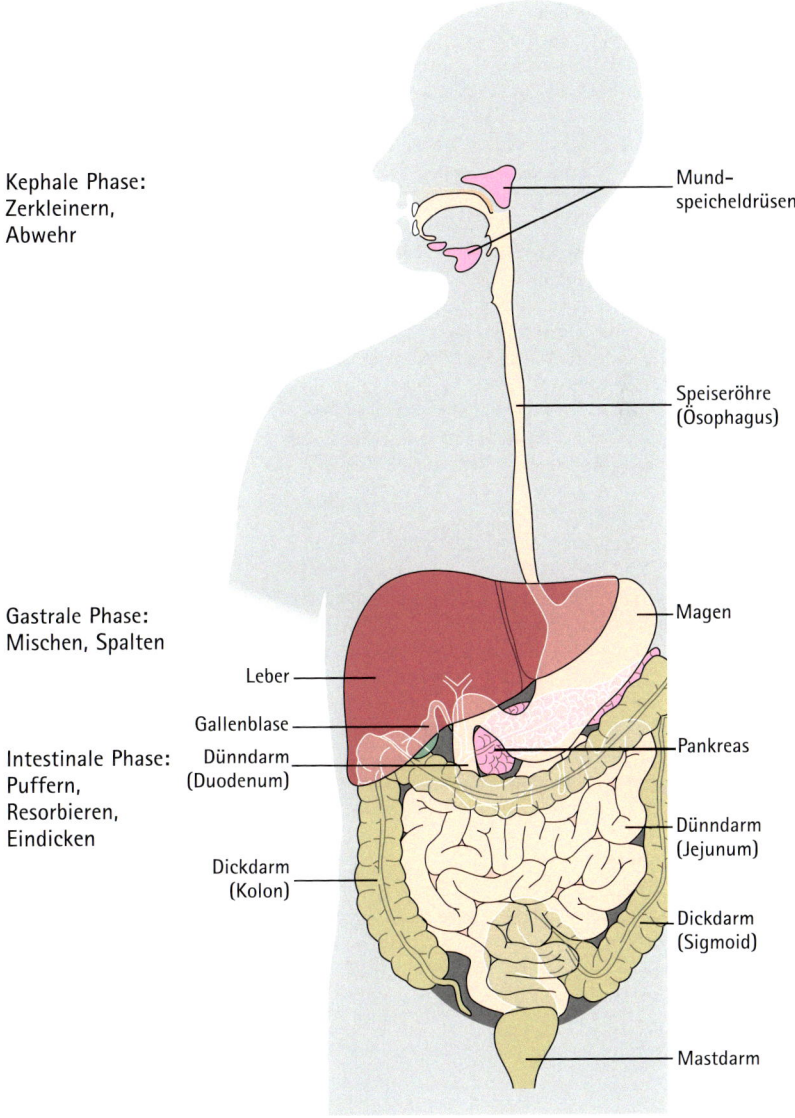

Kephale Phase:
Zerkleinern,
Abwehr

Mund-
speicheldrüsen

Speiseröhre
(Ösophagus)

Gastrale Phase:
Mischen, Spalten

Magen

Leber

Intestinale Phase:
Puffern,
Resorbieren,
Eindicken

Gallenblase

Dünndarm
(Duodenum)

Pankreas

Dünndarm
(Jejunum)

Dickdarm
(Kolon)

Dickdarm
(Sigmoid)

Mastdarm

Abb. 8-1
Die Verdauung der Nahrung kann in die kephale (Kopf), gastrale (Magen) und intestinale (Darm) Phase
eingeteilt werden, die jeweils spezielle Aufgaben übernehmen.

8

8.3 Exokrines Pankreas

Neben den endokrinen Funktionen (Sekretion von Insulin und Glukagon) werden aus dem Pankreas auch täglich etwa 0,3–1,5 Liter Pankreassaft in das Duodenum sezerniert. Dieser besteht hauptsächlich aus HCO_3^- und Verdauungsenzymen. Diese Enzyme werden im Pankreas als Proenzyme synthetisiert und erst nach Sekretion durch Peptidspaltung in ihre aktive Form überführt. Dies verhindert die Selbstverdauung des Pankreas (wie z. B. bei der Pankreatitis!).

8.4 Motorik des Magen-Darm-Trakts

Die Nahrung wird durch peristaltische Wellen durch den Magen-Darm-Trakt transportiert. Die Kontraktion der glatten Muskelzellen wird hauptsächlich über das vegetative Nervensystem gesteuert. Parasympathische Aktivität verstärkt dabei die Peristaltik sowie die Sekretion zahlreicher Verdauungssäfte. Weiterhin wird die Kontraktion durch das organeigene Nervensystem (Plexus submukosus und Plexus myentericus) beeinflusst. Außerdem besitzen die glatten Muskelzellen eine myogene Automatie, durch die sie phasische und tonische Kontraktionen ausführen. Zusätzlich spielen zahlreiche Reflexbögen eine Rolle, wie z. B. für den Stuhlgang.

8.5 Zusammensetzung der Nahrung

Die drei Grundnahrungsstoffe Kohlenhydrate, Fette und Eiweiße unterscheiden sich nach ihrem Energiegehalt. Dabei entspricht 1 g Fett etwa 2,3 g Eiweiß oder 2,3 g Kohlenhydraten. Die kalorische Zusammensetzung der Nahrung sollte sich an folgenden Werten orientieren:
ca. 15 % Eiweiß, 25 % Fett und 60 % Kohlenhydrate.
Zusätzlich spielen Vitamine, Mineralien und andere Spurenstoffe, genauso wie der Gehalt an Ballaststoffen eine wichtige Rolle. Sie beeinflussen u. a. Verweildauer und Sättigungsgefühl sowie die Wirkung der Bakterienflora des Darms auf Gärungs- und Fäulnisprozesse. Ihnen kommt auch bei der Entstehung von Darmtumoren eine protektive Wirkung zu.

8.6 Körpergewicht

Als Maß für die Bilanz des gesamten Stoffwechsels hat sich der Body-Mass-Index (BMI) etabliert:

$$BMI = \frac{Gewicht\ (kg)}{Körperlänge^2\ (m^2)}$$

Als Richtwert gilt für Frauen ein BMI von 22 und für Männer von 24.

 Klinik: Hunger und Sättigungsgefühl unterliegen einer zentralen Kontrolle, die Nahrungsaufnahme und Energieverwertung reguliert (→ Abb. 8-2). Hormone, wie das appetithemmende Leptin oder Insulin wirken über spezifische Rezeptoren im Hypothalamus. Ein Problem der Adipositas ist die Leptinresistenz in zentralen Neuronen.

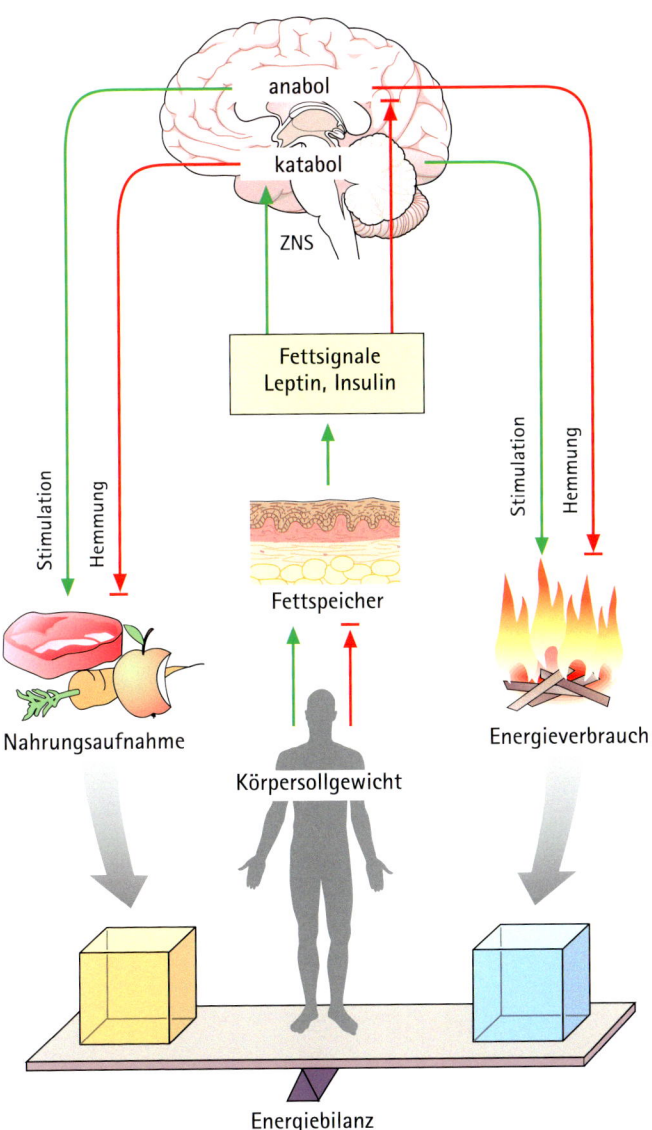

Abb. 8-2
In der täglichen Energiebilanz sollten die Energieaufnahme (Nährstoffe) und der Energieverbrauch
(Aktivität) im Gleichgewicht stehen. Andernfalls werden die überzähligen Nährstoffe als Fett gespeichert.

9

9.1 Signalübermittlung im Körper

Signale können zum einen über das Nervensystem (schnelle Leitung, abgestufte Signale; somatisch: Muskulatur, Sinneszellen; vegetativ: Kreislauf, innere Organe, Sexualfunktionen), zum anderen durch das endokrine System (langsamer, lang anhaltender und kreislaufabhängig) über Hormone vermittelt werden (→ Abb. 9-1).

Hormone wirken an einem spezifischen Erfolgsorgan mit spezifischen Hormonrezeptoren. Viele Körperfunktionen sind über Hormone reguliert, wie z. B. Ernährung, Stoffwechsel, Homöostase, Wachstum, Fortpflanzungsmechanismen, Leistungsanpassung, Entwicklung und Reifung.

Viele hormonelle Kreisläufe werden durch Feedback-Hemmung in neuroendokrinen Regelkreisen reguliert. Dies führt beim Ausfall einer Hormondrüse oder bei chirurgischer Teilentfernung zu einer kompensatorischen Hypertrophie, bei Hormongabe von außen zu einer kompensatorischen Atrophie des Hormongewebes (Rebound-Phänomen: überschießende Reaktion nach Absetzen von Hormonmedikamenten).

9.2 Wirkungsweise von Hormonen

▶ Konfigurationsänderung an Enzymen → allosterische Effekte → Aktivierung von „Second-Messenger"-Systemen
▶ Induktion oder Repression der Enzymsynthese aufgrund von Transskriptions- oder Translationskontrolle
▶ Änderung der Substratbereitstellung aufgrund veränderter Transporterdichte oder -affinität (z. B. Insulin und Glukosetransportmoleküle)

Typische „Second-Messenger"-Systeme sind
▶ **cAMP-System:** Katecholamine → β-adrenerge Rezeptoren (G_s-Proteine, Adenylatzyklase) → zyklisches AMP (cAMP) → cAMP-abhängige Proteinkinasen
▶ **IP3-DAG-System:** Azetylcholin → muskarinerge Rezeptoren (G_0-Proteine, Phospholipase C = PLC)
  a) Inositol-3-phosphat (IP3) → Calcium-Freisetzung
  b) Diacylglycerol (DAG) → Proteinkinase C (PKC)
▶ **Arachidonsäure:** Histamin → histaminerge Rezeptoren (G_0-Proteine, Phospholipase A_2) → Arachidonsäure → Cyclooxygenase und Lipoxygenasen

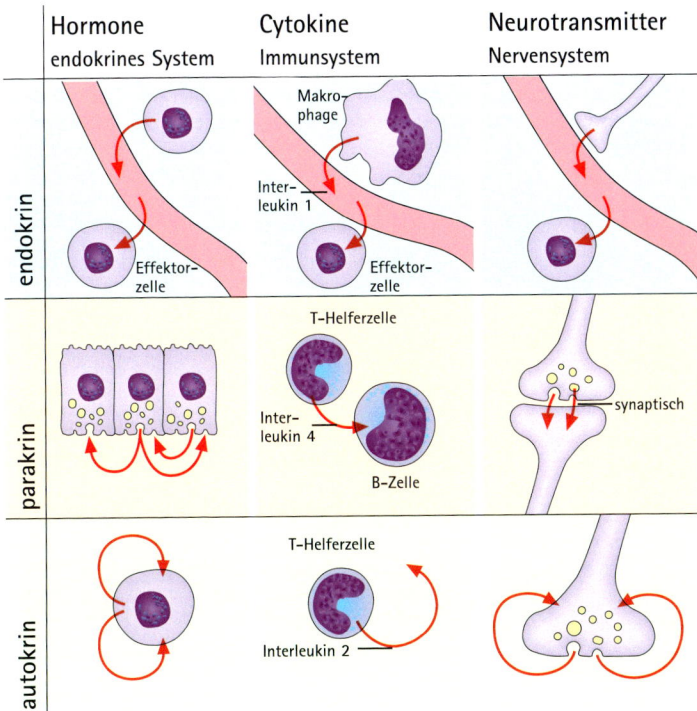

Abb. 9-1
Hormone, Cytokine und Neurotransmitter dienen der Signalübermittlung im Körper. Sie wirken jeweils endokrin (über das Blut), parakrin (auf die Nachbarzelle) oder autokrin (auf die Ursprungszelle).

9

9.3 Hypothalamus–Hypophysen–System

Die meisten Hormone sind Teile eines hierarchischen neuroendokrinen Regelkreises (→ Abb. 9-2, Tab. 9-1). Aus dem Hypothalamus werden Releasing-Hormone freigesetzt, die wiederum spezifische glandotrope Hormone aus der Hypophyse freisetzen. Diese regulieren die Aktivität der einzelnen Hormondrüsen, welche die Funktion der Effektororgane beeinflussen (→ Tab. 9-2).

Tab. 9-1 Wichtige Komponenten des Hypothalamus-Hypophysen-Systems

Regelkreis	Nebennierenrinde	Schilddrüse	Sexualhormone
Hypothalamus: Releasing-Hormon	CRH (Corticotropin-Releasing Hormon = Kortikoliberin)	TRH (Thyrotropin-Releasing Hormon = Thyroliberin)	GnRH (Gonadotropin-Releasing Hormon = Gonadoliberin)
Adenohypophyse: glandotropes Hormon	ACTH (Adreno-Corticotropes Hormon)	TSH (Thyroidea-stimulierendes Hormon)	LH (Luteinisierendes Hormon) = ICSH (Interstitial Cell Stimulating Hormon); FSH (Follikelstimulierendes Hormon); PRL (Prolaktin); luteotropes Hormon

Tab. 9-2 Funktion und Fehlfunktion bestimmter Hormone

Hormondrüse	Hormon	Funktion	Unterfunktion	Überfunktion
Nebennierenrinde	Glukokortikoide: Cortisol; Mineralkortikoide: Aldosteron; Corticosteron	Stoffwechsel (Glukoneogenese), Immunsuppression, Elektrolythaushalt	M. Addison (Adynamie, Pigmentstörung, Herzrhythmusstörungen)	M. Cushing (Cortisol) (Vollmondgesicht, Stammadipositas, Stiernacken, Hypertonie, Hirsutismus)
Schilddrüse	T4 (Thyroxin = Tetraiodthyronin), T3 (Triiodthyronin)	Energieumsatz	Hypothyreose (Abgeschlagenheit, Antriebslosigkeit, Struma)	Hyperthyreose („Nervosität", Unruhe, Symapthikusaktivierung, Exophthalmus)
Keimdrüsen (Ovar, Hoden)	Östrogene, Gestagene (Progesteron); Testosteron	Sexualfunktionen, Menstruationszyklus, embryonale Geschlechtsdifferenzierung	gestörte Libido und Potenz, fehlende oder verzögerte Geschlechtsentwicklung	z. B. Hirsutismus, Zyklusstörungen, Pubertas praecox

Neben den glandotropen Hormonen, die auf eine Drüse wirken, werden auch andere Faktoren aus dem Hypothalamus freigesetzt, die auf bestimmte Zielorgane wirken (nichtglandotrope Hormone, → Tab. 9-3).

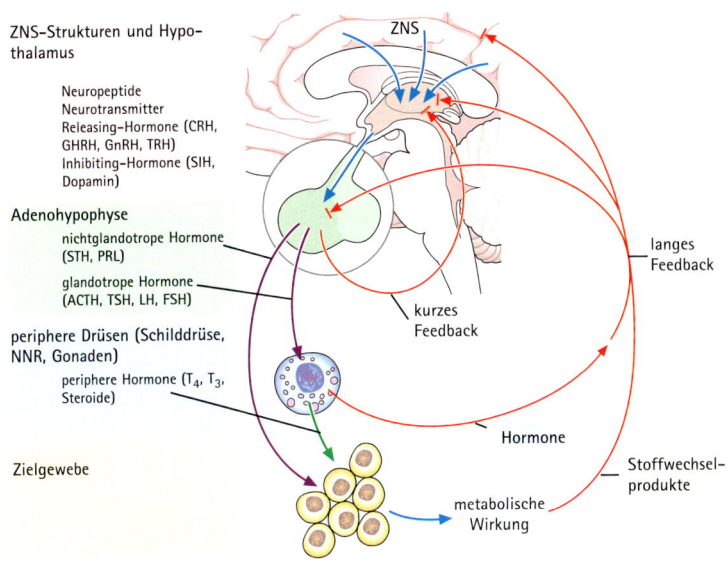

ZNS-Strukturen und Hypo-
thalamus

Neuropeptide
Neurotransmitter
Releasing-Hormone (CRH,
GHRH, GnRH, TRH)
Inhibiting-Hormone (SIH,
Dopamin)

Adenohypophyse

nichtglandotrope Hormone
(STH, PRL)

glandotrope Hormone
(ACTH, TSH, LH, FSH)

periphere Drüsen (Schilddrüse,
NNR, Gonaden)

periphere Hormone (T$_4$, T$_3$,
Steroide)

Zielgewebe

ZNS

langes
Feedback

kurzes
Feedback

Hormone

Stoffwechsel-
produkte

metabolische
Wirkung

Abb. 9-2
Das Hypothalamus–Hypophysensystem wirkt auf zahlreiche Endorgane und ist in Regelkreisen organisiert.

Tab. 9-3 Freisetzung und Wirkung nichtglandotroper Hormone

Hypothalamus	Hypophyse	Zielorgan: Funktion
Dopamin, Prolactostatin (PRL-IH/PIH = Prolactininhibierendes Hormon)	Prolactin (PRL)	Brustdrüse: Wachstum, Laktation
Prolactoliberin (PRL–RH = Prolactinstimulierendes Hormon)	Prolactin (PRL)	Ovarien, Brustdrüse: ausbleibende Ovulation, Milchfluss auch ohne Schwangerschaft
Somatostatin (SIH = Somatotropininhibierendes Hormon)	Wachstumshormon (GH), Somatotropin (STH)	Körperzellen: Hemmung des Wachstums
Somatoliberin (GHRH = Growth Hormone-Releasing Hormon)	Wachstumshormon (GH), Somatotropin (STH)	Körperzellen: Stimulation des Wachstums
Antidiuretisches Hormon (ADH)	nur Transport und Freisetzung in Neurohypophyse	Niere: verminderter Einbau von Wasserkanälen im Sammelrohr
Oxytozin	nur Transport und Freisetzung in Neurohypophyse	Uterus; Brustdrüse: Kontraktion; Milchejektion (nicht jedoch Laktation!)
Melanoliberin (MSH-RH/MRH = Melanozytenstimulierendes Hormon-Releasing Hormon)	Freisetzung von Melanotropin (MSH = Melanozytenstimulierendes Hormon)	Haut: verstärkte Pigmentierung
Melanostatin (MSH-IH/MIH = Melanozytenstimulierendes Hormon-Inhibierendes Hormon)	verminderte Freisetzung von Melanotropin (MSH = Melanozytenstimulierendes Hormon, MSH)	Haut: verminderte Pigmentierung

9

9.4 Endokrines Pankreas: Insulin und Glukagon

In den Langerhans-Inseln des Pankreas werden Hormone gebildet (→ Abb. 9-3): in den A-Zellen Glukagon, in den B-Zellen Insulin und in den D-Zellen Somatostatin (SIH). Zusätzlich wird von den Inselzellen das Pankreatische Polypeptid gebildet.

Die Hormone regulieren den Kohlenhydratstoffwechsel, der zentral auf Glukose als Energieträger basiert. Neben einer Konstanz der Blutglukosekonzentration (→ Abb. 9-4) zur Versorgung der abhängigen Organe (z. B. verstoffwechselt das Gehirn unter physiologischen Bedingungen fast ausschließlich Glukose) regulieren die Pankreashormone auch die Speicherung der Glukose in Form von Glykogen in Muskel und Leber und in Fett (Insulin), sowie deren Freisetzung bei Hunger, körperlicher Arbeit und Stress (Glukagon). Somatostatin fördert das Wachstum von Körperzellen.

> [!] **Merke!** Der Begriff Diabetes mellitus (wörtl. übersetzt „honigsüßer Durchfluss") bezeichnet ziemlich genau die Symptomatik, d. h. die Glukoseausscheidung aufgrund des überschrittenen Resorptionsmaximums für Glukose in der Niere sowie das erhöhte Harnzeitvolumen aufgrund osmotischer Diurese.
> Der Diabetes mellitus wird eingeteilt in einen Typ I-Diabetes („juvenil"), der auf einer Zerstörung der B-Zellen durch Auto-Antikörper basiert, während beim Typ II-Diabetes („adult") die im Pankreas gebildete Insulinmenge nicht für die entsprechende Körpermasse ausreicht oder das Zielgewebe insulinresistent wird. So ist der Typ II-Diabetes eigentlich keine Glukose-Stoffwechselstörung sondern eher eine Fettstoffwechselstörung. Aus der relativen Pankreasinsuffizienz wird durch die dauernde Überlastung bald eine absolute.

9.5 Sexualhormone

Die Ausschüttung der geschlechtsunspezifischen Steuerhormone des Hypothalamus und der Hypophyse (s. o.) führt zur Stimulation der geschlechtsspezifischen Zielorgane Hoden und Ovar.

▶ Beim Mann wird in den Hoden durch LH-Reiz Testosteron produziert.

▶ **Menstruationszyklus:** Bei der Frau wird durch das Zusammenspiel von LH (Ovulation und Luteinisierung) und FSH (Follikelreifung) der Menstruationszyklus reguliert, der etwa 28 Tage dauert. Im Ovar werden die Hormone Estradiol und Progesteron zyklusabhängig gebildet. Die Uterusschleimhaut proliferiert in der ersten Hälfte des Zyklus unter Estrogeneinfluss. Ein starker Anstieg der LH- und FSH-Konzentration zur Zyklusmitte führt zum Follikelsprung (Ovulation) und zur Umwandlung der Uterusschleimhaut in sekretorisches Epithel. Gleichzeitig steigt die Progesteronkonzentration. Mit der Ovulation steigt auch die Körpertemperatur um etwa 0,5° C. Gegen Ende des Zyklus fällt die Progesteronkonzentration ab und ein Teil der Uterusschleimhaut wird abgestoßen (Menstruation).

▶ **Schwangerschaft:** Kommt es während des Zyklus zur Befruchtung der Eizelle, wird aus der Blastozyste das humane Choriogonadotropin (HCG) freigesetzt. HCG verhindert den Abfall der Progesteronkonzentration und die Eizelle kann sich in die Uterusschleimhaut einnisten (Nidation). In der Folgezeit übernimmt die entstehende Plazenta die Progesteronbildung. Die Schwangerschaft dauert etwa 40 Wochen. Auch Geburt und anschließende Stillzeit stehen unter hormonellem Einfluss von Prolaktin und Oxytocin.

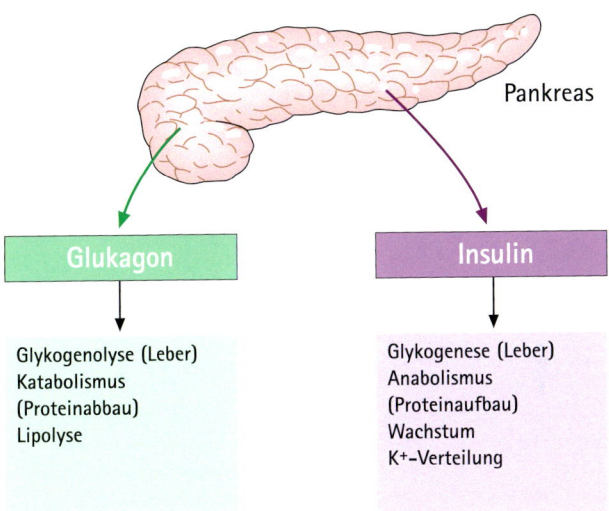

Abb. 9-3
Die endokrine Pankreasfunktion beinhaltet die Sekretion von Insulin und Glukagon.

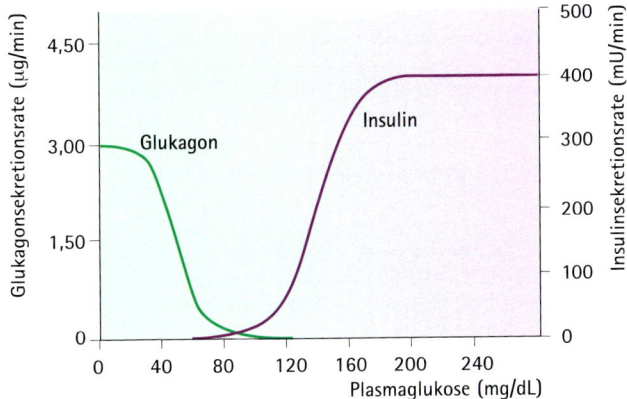

Abb. 9-4
Insulin- und Glukagonsekretion unterliegen einem Rückkopplungsmechanismus basierend auf der Plasma-glukosekonzentration.

9

9.6 Calcium–Haushalt: Parathormon und Calcitonin

Calcium (Ca^{2+}) reguliert viele Zellfunktionen, wie z. B. Membranpotenzial, Muskelkontraktion und intrazelluläre Signalwege. Mehr als 99 % des Gesamtkörpercalciums ist in den Knochen gespeichert, nur 1 % in den Körperflüssigkeiten gelöst. Die Serumkonzentration beträgt etwa 2,5 mmol/l.

Das Hormon Parathormon (PTH, auch Parathyrin) aus den Epithelkörperchen (Nebenschilddrüsen)
▶ mobilisiert die Freisetzung von Calcium aus dem Knochen durch Aktivierung von Osteoklasten,
▶ steigert die Calcium-Resorption in der Niere und
▶ erhöht die Bildung von D-Hormon in der Niere („Vit. D", Kalzitriol), wodurch indirekt die Resorption von Calcium aus dem Darm gesteigert wird,
▶ und hemmt die Phosphatresorption aus dem Darm.

Das D-Hormon („Vit. D") wird aus einem Cholesterol-Grundgerüst unter Einfluss von UV-Licht in der Haut in eine inaktive Vorstufe umgewandelt. Diese und mit der Nahrung aufgenommenes Vit. D3 wird in der Leber und anschließend in der Niere durch Hydroxylierung aktiviert. Das D-Hormon fördert die Calcium-Resorption aus dem Darm und die Mineralisierung des Knochens und der Zähne.

Als Gegenspieler zu beiden Hormonen gilt das Kalzitonin aus den C-Zellen der Schilddrüse. Es hemmt die Osteoklastentätigkeit und fördert den Einbau von Calcium in den Knochen. Dadurch senkt es auch die Blutplasmakonzentration von Calcium.

9.7 Nebennierenmark: Adrenalin und Noradrenalin

Im Nebennierenmark werden die Katecholamine Adrenalin und Noradrenalin ins Blut freigesetzt (→ Abb. 9-5). Besonders unter physischer und psychischer Belastung („Alarmreaktion"), wie auch bei Arbeit, Hitze, Kälte, Schmerz, Hypoglykämie, Sauerstoffmangel und Blutdruckabfall werden größere Mengen Katecholamine ausgeschüttet. Sie stimulieren α- und β-Rezeptoren (→ Kap. 11, S. 134).

! **Merke!** Die Freisetzung der beiden Hormone erfolgt durch nervale Stimulation aus präganglionären sympathischen Nervenendigungen mit dem Neurotransmitter Acetylcholin. Die chromaffinen Zellen des Nebennierenmarks entsprechen also postganglionären sympathischen Zellen.

Aufgaben der Aktivierung sind die Mobilisierung von Stoffwechselmetaboliten wie z. B. Glukose (Lipolyse, Glykolyse) aus Leber und Skelettmuskel. Am Herzen wirken sie positiv chronotrop und introp (→ Kapitel 3, S. 40).

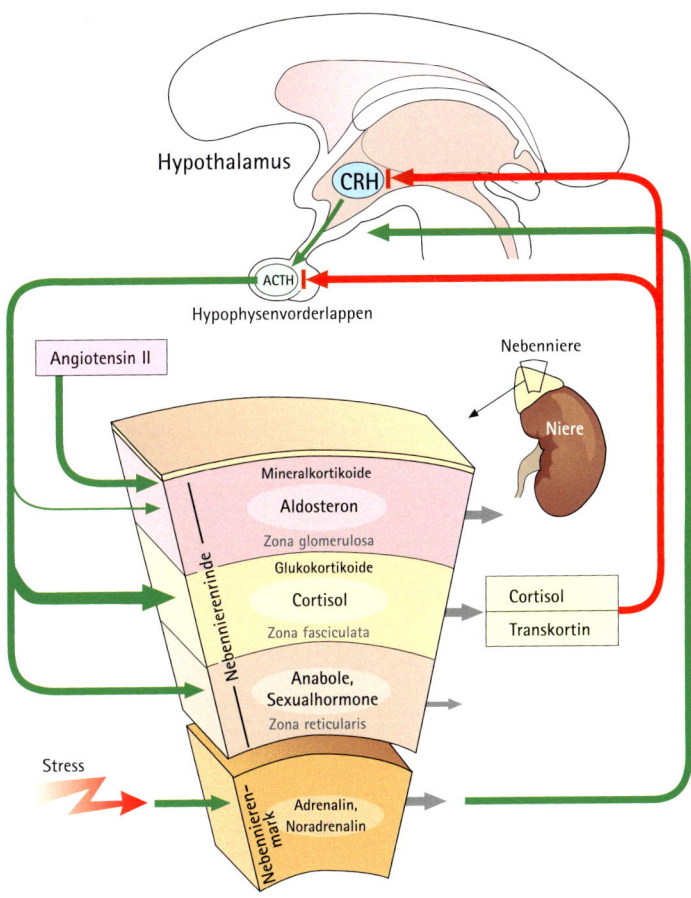

Hypothalamus

CRH

ACTH

Hypophysenvorderlappen

Angiotensin II

Nebenniere

Niere

Mineralkortikoide

Aldosteron

Zona glomerulosa

Glukokortikoide

Cortisol

Zona fasciculata

Nebennierenrinde

Anabole, Sexualhormone

Zona reticularis

Cortisol

Transkortin

Stress

Nebennierenmark

Adrenalin, Noradrenalin

Abb. 9-5
In der Nebennierenrinde werden hauptsächlich Mineral und Glukokortikoide sowie Sexualhormone synthetisiert, während aus dem Nebennierenmark Adrenalin und Noradrenalin freigesetzt werden.

10

Die Muskulatur vermittelt eine Reizantwort auf die Umwelt über Bewegungen. Dabei wandelt der Muskel chemische Energie in Arbeit und Wärme um. Morphologisch können Skelettmuskel, Herzmuskel (quergestreifte Muskulatur) und glatter Muskel unterschieden werden. Alle drei zeigen auch Besonderheiten im Kontraktionsmechanismus.

10.1 Innervation des Muskels: motorische Endplatte

Eine **motorische Einheit** besteht aus einer Nervenfaser und alle von ihr innervierten Muskelfasern (→ Abb. 10-1). Die Größe einer motorischen Einheit spiegelt ihre Aufgabe wider: während bei den äußeren Augenmuskeln zehn Muskelfasern von einer Nervenfaser innerviert werden, sind es bei der Glutealmuskulatur weit über tausend Muskelfasern.

! **Merke!** Je kleiner die motorische Einheit (d. h. je weniger Muskelfasern von einem Motoneuron innerviert werden), desto feiner dosiert kann die Muskelbewegung reguliert werden. Sehr kleine motorische Einheiten finden sich z. B. in der Augen- und Fingermuskulatur. Die größten motorischen Einheiten liegen dagegen im Oberschenkel.

Die Informationsübertragung vom Nerv auf den Muskel geschieht an einer spezialisierten Synapse, der motorischen Endplatte. Die motorische Endplatte verwendet Acetylcholin als Transmitter. Die Übertragung an der motorischen Endplatte kann durch viele Substanzen pharmakologisch beeinflusst werden (→ Abb. 10-2):

▶ Lokalanästhetika blockieren präsynaptische Na^+-Kanäle und hemmen die Ausbreitung des Aktionspotenzials.
▶ Toxine, wie z. B. Botulinumtoxin, blockieren die Freisetzung von Acetylcholin aus synaptischen Vesikeln.
▶ Succinylcholin depolarisiert die postsynaptische Membran über Bindung an Acetylcholin-Rezeptoren. Durch die Dauerdepolarisation wird die Erregungsübertragung verhindert.
▶ Curare blockiert die Acetylcholin-Rezeptoren, so dass keine Transmitter-Moleküle mehr binden können.
▶ Physiostigmin hemmt die Phosphodiesterase (PDE), ein Enzym, das Acetylcholin spaltet. Dadurch verlängert und verstärkt sich die Wirkung von Acetylcholin.
▶ Mg^{2+} und Hemicholin hemmen die Wiederaufnahme der Acetylcholin-Spaltprodukte.
▶ Antikörper gegen Rezeptoren oder Kanäle, wie z. B. bei der Myasthenia gravis (Autoantikörper gegen Acetylcholin-Rezeptoren) blockieren die Signalübertragung.

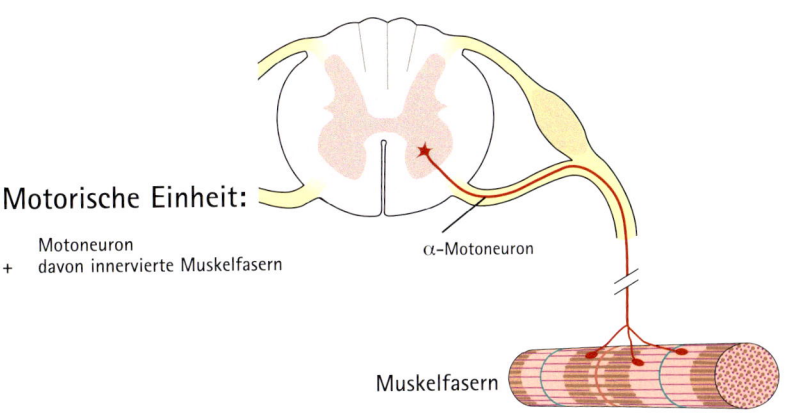

Motorische Einheit:

Motoneuron
+ davon innervierte Muskelfasern

α-Motoneuron

Muskelfasern

Abb. 10-1
Eine motorische Einheit ist definiert als Motoneuron und alle von ihm innervierten Muskelfasern. Je kleiner eine motorische Einheit, desto feiner die Muskelbewegung.

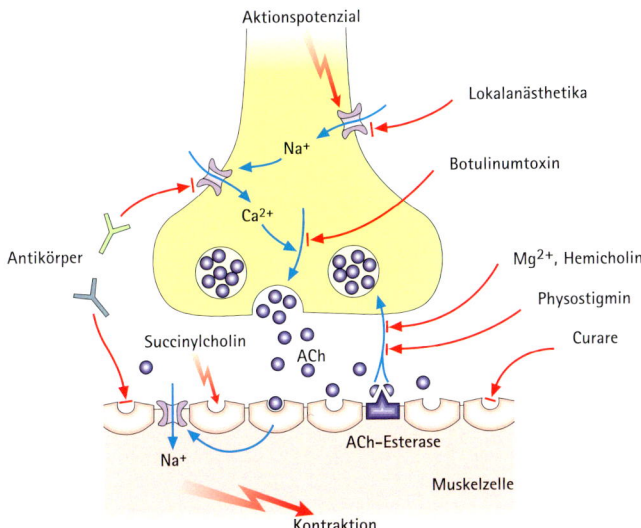

Aktionspotenzial

Lokalanästhetika

Na⁺

Botulinumtoxin

Ca²⁺

Antikörper

Mg²⁺, Hemicholin

Physostigmin

Curare

Succinylcholin

ACh

Na⁺

ACh-Esterase

Muskelzelle

Kontraktion

Abb. 10-2
Die motorische Endplatte ist eine Sonderform der Synapse. Ihre Funktion kann durch zahlreiche pharmako-logische Substanzen beeinflusst werden.

10

10.2 Hierarchische Organisation der Muskulatur

Der Skelettmuskel ist streng hierarchisch gegliedert (→ Abb. 10-3).
- ▶ Ein **Muskel** besteht aus zahlreichen parallel angeordneten Faszikeln (Muskelfaserbündeln).
- ▶ Ein **Faszikel** ist aus zahlreichen parallel angeordneten Myofibrillen aufgebaut.
- ▶ Eine **Myofibrille** besteht selbst aus vielen hintereinander geschalteten **Sarkomeren** als Untereinheiten.
- ▶ Ein **Sarkomer** enthält die kontraktilen Elemente.

In einem **Sarkomer** (→ Abb. 10-4) sind die Aktin-Filamente an der Z-Scheibe aufgehängt. Dazwischen gelagert sind die in der H-Zone zusammenhaftenden Myosin-Filamente. Das Riesenmolekül Titin stellt die Verbindung zwischen den Myosinmolekülen und den Z-Scheiben her und funktioniert wie ein „Expander" oder als „Sicherheitsgurt", der die Überdehnung eines Sarkomers verhindern soll.

Molekulare Zusammensetzung des Muskels: Die Muskulatur enthält 45% Myosin, 22% Aktin, 10% Titin, 5% Tropomyosin, 5% Troponine (I, C, T) und ca. 15% an 20 weiteren Proteinen.
- ▶ **Aktinfilamente** bestehen aus langgestreckten Ketten von G-Aktin (globuläres Aktin), um das fadenförmig Tropomyosinmoleküle gewickelt sind. Dazwischen sind in regelmäßigen Abständen Troponin-Komplexe gelagert.
- ▶ **Myosinfilamente** bestehen aus langgestreckten Schaftanteilen, die aus schweren Myosinketten bestehen. Durch einen halsförmigen Übergang sind sie mit den Myosin-leichtketten verbunden. Diese enden in einer köpfchenförmigen, katalytischen Domäne, die die Bindung mit Aktinfilamenten durch ATP-Verbrauch spaltet.

Wichtig für die Funktion des Muskels sind auch tubuläre Systeme der Plasmamembran. Es gibt das **T-System** (transversale Tubuli) und das **L-System** (longitudinale Tubuli). Im T-System ist die Zellmembran schlauchförmig eingestülpt. Dies dient der Fortleitung von Aktionspotenzialen von der Zelloberfläche in das Zellinnere. Im Gegensatz dazu bildet das L-System ein abgeschlossenes Membransystem ohne Anschluss zur Zelloberfläche. Es bildet den Calciumspeicher der Muskelzelle und ist identisch mit dem sarkoplasmatischen Retikulum.

✚ Klinik: **Muskeldystrophien:** Bei bestimmten genetischen Erkrankungen sind Bestandteile des Zytoskeletts geschädigt. So ist bei der Muskeldystrophie Typ Duchenne und Typ Becker das Protein **Dystrophin** geschädigt, so dass die Patienten eine progrediente Muskelschwäche entwickeln.
Bei den ebenfalls erblichen **Myotonien** sind bestimmte Ionen-Kanalproteine fehlerhaft zusammengesetzt, so dass die Muskulatur die eintreffenden Aktionspotenziale nicht angemessen in Kontraktionen umsetzen kann.

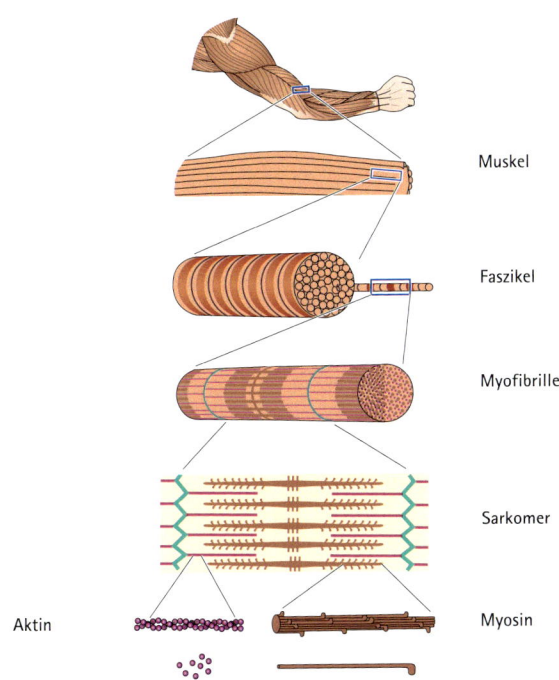

Muskel

Faszikel

Myofibrille

Sarkomer

Aktin

Myosin

Abb. 10-3
Der Muskel ist streng hierarchisch gegliedert in Faszikel, Myofibrillen und Sarkomere.

Sarkomer

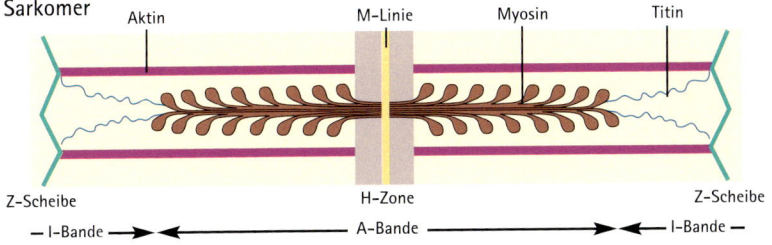

Aktin M-Linie Myosin Titin

Z-Scheibe H-Zone Z-Scheibe

— I-Bande ——→ ←——— A-Bande ———→ ←— I-Bande —

Abb. 10-4
Das Sarkomer zeigt eine streng gegliederte Struktur: Die Aktinmoleküle sind an den Z-Scheiben befestigt, Titin spannt die Myosinmoleküle in diesen Aufbau ein. (Weitere Proteine sind in diesem Schema nicht dargestellt.)

10

10.3 Molekularer Mechanismus der Muskelkontraktion

Nach der Gleitfilament-Theorie von Huxley und Hanson kommt eine Muskelverkürzung durch eine Summation von Sarkomer-Verkürzungen zustande. Dabei gleiten die kontraktilen Elemente Aktin und Myosin ineinander (→ Abb. 10-5). Es kommt jedoch nicht zu einer Verkürzung der Moleküle selbst.

Durch ein Aktionspotenzial werden intrazelluläre Calciumionen aus dem sarkoplasmatischen Retikulum freigesetzt. Calcium bindet an Troponin C und löst damit die Drehung des Tropomyosins aus. Diese Drehung setzt in Gegenwart von Magnesium-Ionen Aktin frei. Nun sind Aktin und Myosin für den eigentlichen Kontraktionsmechanismus bereit. Dieser entspricht einem Ruderschlag des Myosin-Köpfchens. Dabei nähert sich die Myosin-Querbrücke dem Aktin an. Sobald ein Myosin-Aktin-Kontakt besteht, kommt es zu einer Abknickung der Querbrücke. Dadurch werden die Filamente um 8–10 nm gegeneinander verschoben. Es folgt die Ablösung der Querbrücken von Aktin unter ATP-Verbrauch. Dadurch ist der Ruhezustand wieder hergestellt.

Auch bei Haltearbeit, bei der nach der initialen Kontraktion keine weitere Muskelverkürzung mehr nach außen hin sichtbar ist, wird trotzdem innere Arbeit geleistet. Der Muskel verbraucht ATP und erzeugt Wärme.
(Energiegewinnung des Muskels und des Wirkungsgrades → Kap. 6, S. 84.)

10.4 Calcium-Einfluss

Calcium-Ionen spielen für die Kontraktion des Muskels eine entscheidende Rolle (→ Abb. 10-6). Zum einen werden durch ein Aktionspotenzial an der neuromuskulären Endplatte Calcium-kanäle geöffnet, so dass Calciumionen entsprechend des Konzentrationsgradienten in die Zelle einströmen können. Zum andern wird die Depolarisation der Zellmembran durch transversale Tubuli (T-System) in die Nähe des sarkoplasmatischen Retikulums geleitet. Aus dem sarkoplasmatischen Retikulum werden nun ebenfalls Calciumionen freigesetzt, die an Tropomyosin binden, dessen Drehung auslösen und damit die Aktin-Myosin-Interaktion erlauben.

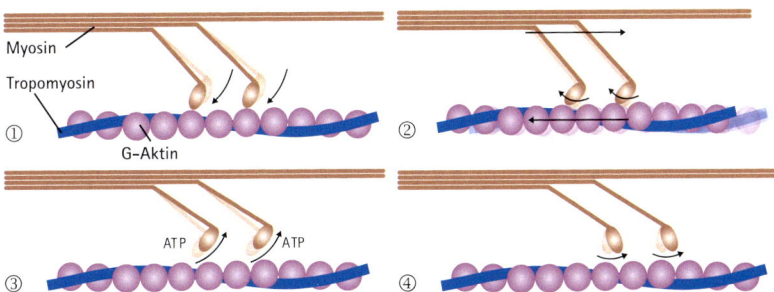

Abb. 10-5
Querbrückenzyklus der Muskelkontraktion. Durch rhythmische Interaktion zwischen Aktin und Myosin kommt es zu einer Verschiebung der Moleküle und damit zu einer Muskelbewegung. ATP wird benötigt, um die Verbindung wieder zu spalten.

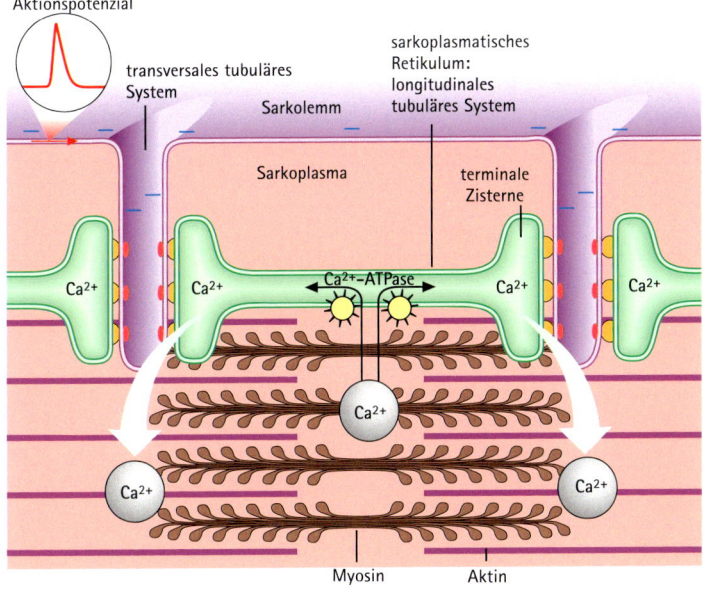

Abb. 10-6
Ein entscheidender Modulator der Muskelkontraktion ist das Calcium. Ca^{2+}-Ionen gelangen nach einem Aktionspotenzial aus dem Extrazellulärraum oder aus intrazellulären Ca^{2+}-Speichern des sarkoplasmatischen Retikulums in das Zytoplasma.

10

10.5 Elektromechanische Kopplung: Regulation der Muskelkraft

Die Umsetzung von Aktionspotenzialen in eine Muskelkontraktion heißt elektromechanische Kopplung. Dabei folgt die Muskelkontraktion zeitlich immer einem Aktionspotenzial nach. Die elektromechanische Kopplung wird über die motorischen Einheiten vermittelt.

Eine motorische Einheit besteht aus dem Motoneuron und allen von ihm innervierten Muskelfasern. Durch Aktivierung des Motoneurons kontrahieren alle abhängigen Muskelfasern (Alles-oder-Nichts-Gesetz), d. h. die Kraft einer motorischen Einheit kann nicht variieren. Jedoch kann durch Änderung der Stimulationsfrequenz eines Nervs die Kraft des Muskels durch Überlagerung und Summation von Einzelzuckungen gesteigert werden (→ Abb. 10-7). Die Frequenz der Aktionspotenziale ist dabei direkt proportional zur Kontraktionskraft.
Durch Rekrutierung motorischer Einheiten können sowohl die Muskelkraft als auch die Kontraktionsgeschwindigkeit erhöht werden.

10.5.1 Tetanie
Im Gegensatz zum Herzmuskel kann durch eine Verkürzung des Zeitintervalls zwischen zwei Reizen eine Dauerkontraktion des Skelettmuskels erreicht werden. Diese Kontraktion wird als tetanische Kontraktion oder Tetanie bezeichnet (→ Abb. 10-8). Folglich existiert bei Skelettmuskeln keine „Refraktärzeit".

 Klinik: Die Ableitung elektrischer Potenziale aus dem Muskel heißt Elektromyogramm (EMG). Neben Nadelelektroden, die direkt in den zu untersuchenden Muskel eingestochen werden, gibt es auch Oberflächenelektroden, die Summenaktionspotenziale ableiten.

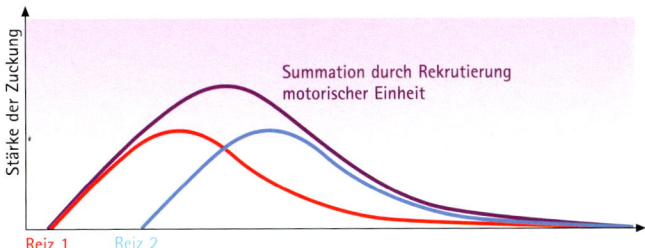

Abb. 10-7
Die Überlagerung zweier schwächerer Reizantworten durch Verkürzung der Zeit zwischen den Reizen führt zu einer Summation beider Reizantworten zu einem größeren Signal.

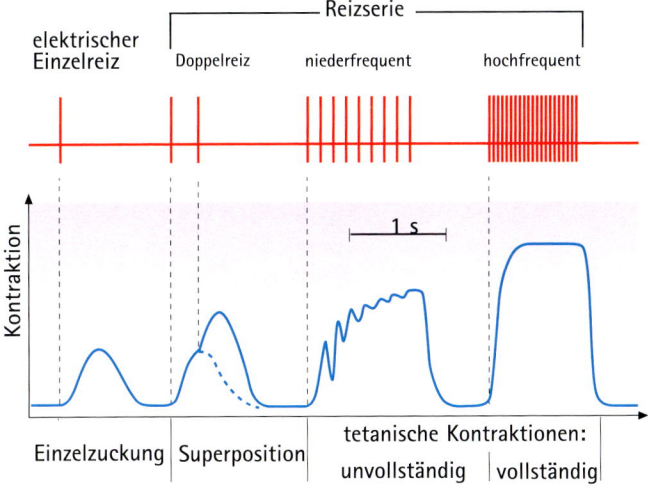

Abb. 10-8
Eine Erhöhung der Reizfrequenz führt beim Skelettmuskel durch Superposition und Summation zu tetanischen Kontraktionen.

10.6 Muskelmechanik

(→ Kap. 3, S. 38)

10.6.1 Kontraktionskraft und Muskellänge

Die Ausgangslänge des Muskels durch Vordehnung kann entscheidend die Muskelkraft beeinflussen (→ Abb. 10-9). Die Skelettmuskulatur kann optimal Kraft entfalten, wenn die Sarkomerlänge 2,2 µm beträgt. In diesem Fall können Aktin und Myosin ideal überlappen. Bei einer Sarkomerlänge <1,4 µm oder >3,6 µm ist so gut wie keine Überlappung beider Moleküle mehr möglich, die Kraftentfaltung ist sehr gering. Die Vordehnung beeinflusst auch den Herzmuskel und die glatte Muskulatur. Besonders beim Herzen spielt die Ruhe-Dehnungs-Kurve eine wichtige Rolle (→ Kap. 3, S. 48).

10.6.2 Last und Verkürzung des Muskels

Prinzipiell können vier Kontraktionsformen unterschieden werden (→ Abb. 10-10):
1. isometrische Kontraktion: nur Druckaufbau, Muskellänge bleibt gleich
2. isotone Kontraktion: Muskelverkürzung
3. auxotone Kontraktion: sowohl Muskelverkürzung als auch Druckänderung
4. Unterstützungskontraktion: Nacheinander von Druckaufbau und Muskelverkürzung

Die Muskelarbeit entspricht dabei der Fläche unter der Kraft-Längen-Kurve (→ Abb. 10-11). Sie errechnet sich als:

$W = m \cdot g \cdot h = \int F \cdot ds$

W: Muskelarbeit; m: zu hebende Masse; g = 9,81 m/s^2; h: Hubhöhe; F: Schwerkraft der Last; s: gehobene Wegstrecke

10.6.3 Geschwindigkeit und Kraft

Hill'sche Kraft-Geschwindigkeits-Beziehung: Die Verkürzungsgeschwindigkeit des Muskels steht in umgekehrtem Verhältnis zur Kraft (bzw. Last). Die Muskelleistung errechnet sich hierbei als

$P = F \cdot v$

P: Leistung; F: Kraft; v: Verkürzungsgeschwindigkeit

10.6.4 Klinische Einteilung der Muskelkraft

Zur Beurteilung der Muskelkraft werden bei der körperlichen Untersuchung sechs Kraftgrade unterschieden:

Tab. 10-1 Einteilung der Kraftgrade

Kraftgrad	Kriterium
5/5	normale Muskelkraft
4/5	Bewegung gegen Widerstand
3/5	Bewegung gegen Schwerkraft
2/5	Bewegung bei Ausschaltung der Schwerkraft
1/5	sichtbare Muskelkontraktion ohne Bewegungseffekt
0/5	keine Muskelaktivität

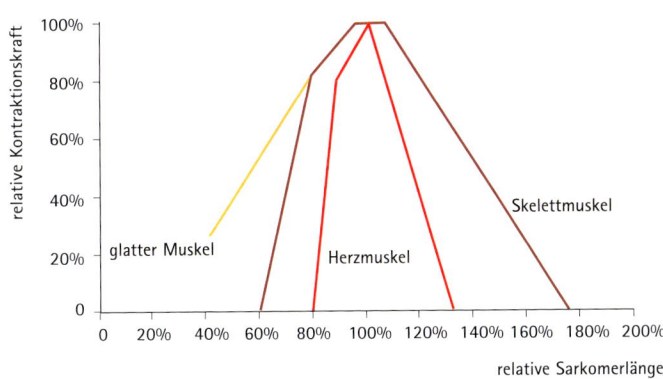

Abb. 10-9
Bei optimaler Überlappung der Aktin- und Myosinmoleküle kann ein Sarkomer eine optimale Kraft entfalten, bei geringerer Überlappung durch Auseinanderziehen oder Stauchung nur eine entsprechend geringere Kraft.

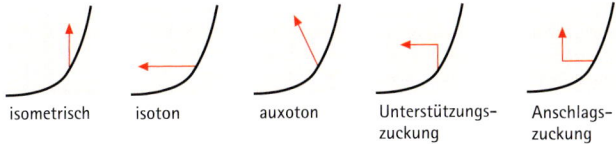

Abb. 10-10
Die Kraft-Längen-Diagramme zeigen die einzelnen Phasen der Kontraktion beim Skelettmuskel.

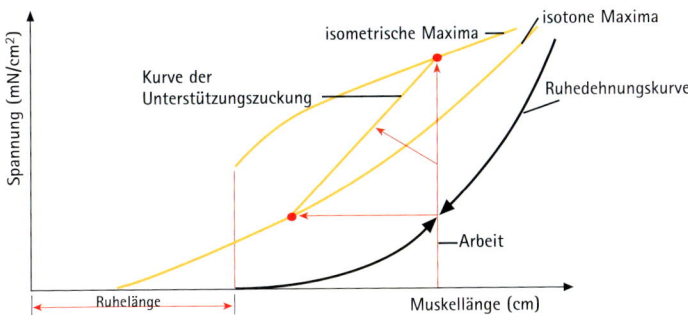

Abb. 10-11
Das Arbeitsdiagramm des Skelettmuskels entspricht der des Herzmuskels: Neben einer Ruhedehnungskurve können Maxima für isometrische, isotone und Unterstützungskontraktionen bestimmt werden. Die Fläche unter den Kurven entspricht der Muskelarbeit.

10

10.7 Glatte Muskulatur

Im Gegensatz zum Skelettmuskel liegen bei der glatten Muskulatur die kontraktilen Elemente Aktin und Myosin ungeordnet in der Zelle (keine Querstreifung). Die Filamentverschiebung, wie auch die ATP-Spaltung gehen langsamer vonstatten. Damit ist eine unermüdliche, sehr energiesparende Haltearbeit möglich.

Eine Einzelzuckung dauert sehr lange, so dass man besser von einem „tetaniformen" Tonus spricht. Die Muskelaktivität wird durch Schrittmacherzellen (ähnlich dem Herzen) gesteuert. Die Erregungsausbreitung geschieht über „gap junctions".
Neben der myogenen Erregung kann die Muskelaktivität auch neurogen gesteuert werden (Peristaltik). Funktionelle Verbände glatter Muskelzellen (single unit) zeigen eine ausgesprochen spontane myogene Rhythmik. Die Kontraktion verläuft entsprechend den Aktionspotenzialsalven in langsamen Wellen (→ Abb. 10-12).
Glatte Muskulatur reagiert plastisch und viskoelastisch. Damit ist eine dehnungsreaktive Kontraktion möglich (Bayliss-Effekt). Dies dient v. a. der Autoregulation der Durchblutung (→ Kap. 4, S. 66).

> **!** **Merke!** Eine Besonderheit des glatten Muskels ist die Funktion von Calmodulin als calciumbindendes Regulatorprotein anstelle von Troponin.

Eine wichtige Funktion im Gefäßsystem hat das Gas NO mit seiner relaxierenden Wirkung auf glatte Muskelzellen. Es wird lokal im Endothel durch spezialisierte Enzyme (NOS = NO-Synthetase) gebildet und diffundiert zur glatten Muskelzelle.

10.8 Klinischer Ausblick: Muskel

Eine **Kolik** ist definiert als Spasmus glattmuskulärer Hohlorgane. Sie kann z. B. bei Gallenblase, Ureter und Uterus (dann als „Wehen" bezeichnet) auftreten.
Pharmakologie: Parasympatholytika (Atropin, Tropicamid, Scopolamin, N-Butylscopolamin, Ipatropiumbromid) werden zur Spasmolyse eingesetzt. Sie bewirken auch eine Mydriasis (weite Pupille) und Sekretolyse.

Als typische Narkosehilfsmedikation dienen **Muskelrelaxantien**, um die Muskulatur während der Narkose zu lähmen. Man unterscheidet zwischen nicht-depolarisierenden (d-Tubocurarin, Pancuronium) und depolarisierenden (Suxamethonium) Muskelrelaxantien.

> **i** **Hinweis:** Muskelrelaxantien dürfen nur bei ausreichender Narkosetiefe und künstlicher Beatmung (Intubation) eingesetzt werden, da neben der Lähmung der Atemmuskulatur (Erstickungsangst und -tod!) das Schmerzempfinden und Bewusstsein nicht beeinträchtigt wird!
> **Cave:** Bei einigen Patienten kann es beim Einsatz von depolarisenden Muskelrelaxantien zur malignen Hyperthermie kommen. Die Körpertemperatur steigt dabei immer mehr an und die Patienten geraten in Lebensgefahr.

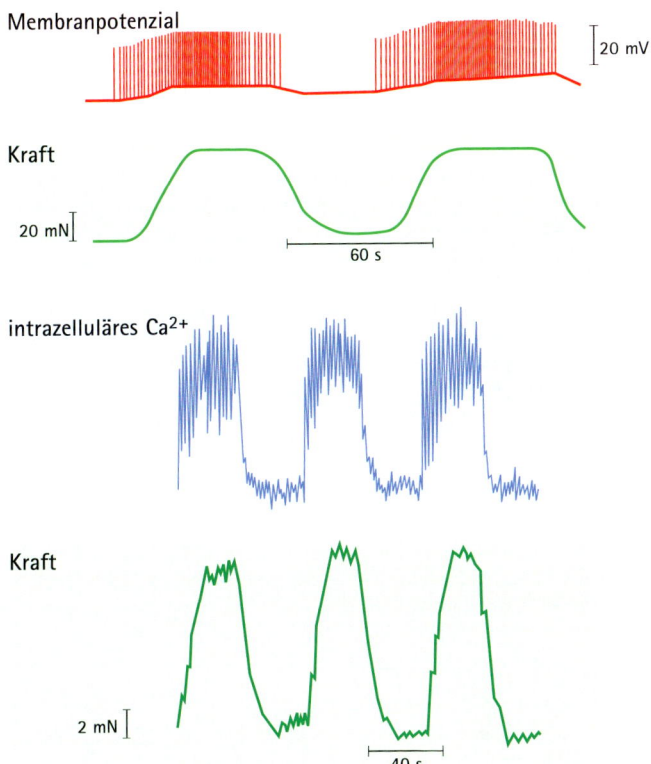

Abb. 10-12
Bei der glatten Muskulatur treten salvenartige Depolarisationen des Membranpotenzials („Bursts") auf, die sehr gut mit der Kraftentwicklung und der Calcium-Freisetzung korrelieren.

11

11.1 Funktionelle Anatomie

Für die nervale Steuerung bestimmter vegetativer Funktionen, v. a. des Kreislaufs, Magen-Darm-Trakts, Stoffwechsels und der Genitalfunktionen, ist das vegetative Nervensystem zuständig. Die meisten dieser Organe werden gleichzeitig von den beiden Gegenspielern Sympathikus und Parasympathikus innerviert.

Die Ursprungsorte dieser beiden Nervensysteme liegen im ZNS. Ihre Besonderheit ist jedoch, dass die Ganglienzelle des letzten Neurons, das die Erfolgsorgane innerviert, in vegetativen Ganglien außerhalb des ZNS liegt. Die Fasern des vorletzten Neurons, die aus dem ZNS kommen, heißen deshalb präganglionär, die Fasern nach der Umschaltung postganglionär.

Tab. 11-1 Die Überträgerstoffe der prä- und postganglionären Fasern (→ Abb. 11-1)

Faser	Sympathikus	Parasympathikus
präganglionär	Acetylcholin (nikotinisch)	Acetylcholin (nikotinisch)
postganglionär	Noradrenalin (α und β)	Acetylcholin (muskarinerg)

11.2 Regulation der vegetativen Innervation

Auch bei den vegetativen Fasern kommt es zu einem Reflexbogen. Durch Viszeroafferenzen werden Informationen von Dehnungs- und Chemorezeptoren in das Rückenmark geleitet. Dort werden die Fasern, im einfachsten Fall über Interneurone, auf die jeweiligen efferenten Fasern umgeschaltet. Im einfachsten Fall sind deshalb vier Neurone am Reflexbogen beteiligt. Zusätzlich werden Signale in höhere Zentren des Gehirns geleitet und dienen der Viszerosensibilität.

 Klinik: Bestimmte Areale der Haut stehen mit vegetativen Funktionen der Eingeweide in engem Zusammenhang. Durch Verschaltungen im Rückenmark kann ein **„übertragener Schmerz"** entstehen, z. B. der in den Arm und Rücken ausstrahlende Schmerz beim Myokardinfarkt (→ Abb. 11-2). Durch räumliche Nähe der Faserbahnen können dabei ganze Hautareale als typische Schmerzzonen für innere Organe eingegrenzt werden (**Head'sche Zonen**).

Auch das Nebennierenmark wirkt als sympathisches Ganglion. Seine „Transmitter" Adrenalin und Noradrenalin werden jedoch direkt in das Blut ausgeschüttet. Sie wirken auf dieselben Erfolgsorgane wie die anderen postganglionären Neurone. Ihre Ausschüttung steht im Zusammenhang mit Notfallsituationen des Körpers, wie z. B. Blutverlust, Unterkühlung, Hypoxie, schwere körperliche Arbeit (→ Kap. 9, S. 116).

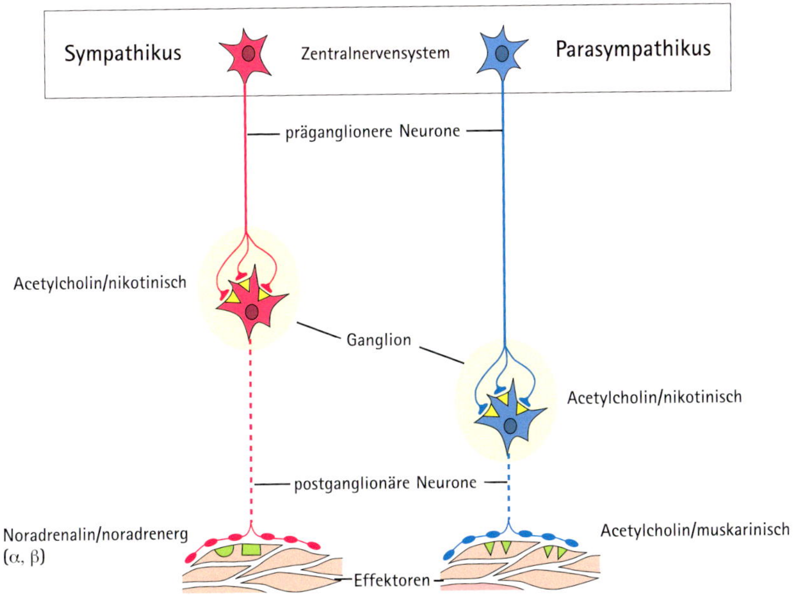

Sympathikus   Zentralnervensystem   Parasympathikus

präganglionere Neurone

Acetylcholin/nikotinisch

Ganglion

Acetylcholin/nikotinisch

postganglionäre Neurone

Noradrenalin/noradrenerg
(α, β)

Acetylcholin/muskarinisch

Effektoren

Abb. 11-1
Die Signalstoffe des vegetativen Nervensystems unterscheiden sich zwischen sympathischen und parasympathischen sowie prä- und postganglionären Fasern.

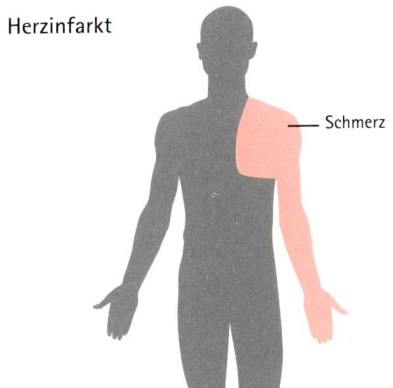

Herzinfarkt

Schmerz

Abb. 11-2
Pathologische Prozesse der inneren Organe können sich als Schmerzen an der Körperoberfläche manifestieren. Diese Head'schen Zonen sind typisch für das jeweils betroffene Organsystem (hier: Schulter-Arm-Schmerz bei Herzinfarkt).

11

11.3 Sympathikus

Die efferenten Fasern des Sympathikus beginnen im Seitenhorn des Rückenmarks der Segmente C8 bis L2. Diese Fasern werden im sympathischen Grenzstrang umgeschaltet. Für die Versorgung des Kopfes gibt es drei Zervikalganglien.

 Klinik: Bei Schädigung des Ganglion cervicale superius kommt es zur Horner'schen Trias: Miosis, Ptosis, Enophthalmus.

Aus den Zervikalganglien ziehen auch postganglionäre Fasern als Nervi cardiaci zum Herzen. Eine Besonderheit für die Baucheingeweide ist, dass die präganglionären Fasern ohne Umschaltung durch den Grenzstrang ziehen und erst in den prävertebralen Ganglien des Plexus solaris (bestehend aus Plexus aorticus thoracicus, Plexus coeliacus und Plexus mesentericus superior) und des Plexus mesentericus inferior umgeschaltet werden. Im Sakralbereich werden diese Fasern in den Plexus hypogastrici superior und inferior umgeschaltet.

Tab. 11-2 Wirkung des Sympathikus in den Erfolgsorganen (→ Abb. 11-3)

Organ	Wirkung
Herz	positiv chronotrop, positiv inotrop, positiv dromotrop, positiv bathmotrop, positiv lusitrop (β1)
Widerstandsgefäße	Konstriktion α1 (Skelettmuskulatur und Koronargefäße: auch Adrenalinwirkung, Dilatation über β2)
Kapazitätsgefäße	Konstriktion α1
Bronchien	Erschlaffung β2 (Adrenalinwirkung)
Magen–Darm–Trakt	Motilitätsabnahme α2, β2
Auge	Mydriasis

Tab. 11-3 Pharmaka, die auf das sympathische Nervensystem wirken

Rezeptor	Stimulatoren	Blocker	Wirkung über
α1	Phenylephrin	Phenoxybenzamin	IP_3, DAG, Ca^{2+} ↑
α2	Clonidin	Phenoxybenzamin	cAMP ↓
β1, β2	Isoproterenol	Propranolol	cAMP ↑, Ca^{2+} ↓

Sympathikus der Eingeweide

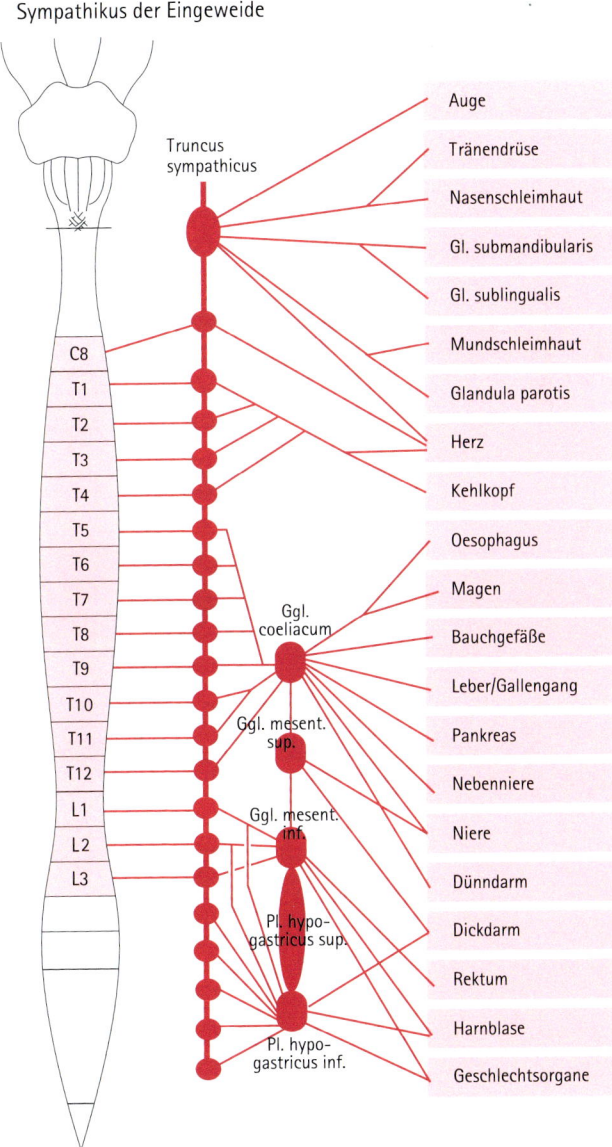

Abb. 11-3
Das sympathische Nervensystem entspringt dem Rückenmark, wird in sympathischen Ganglien verschaltet und innerviert zahlreiche Organe.

11

11.4 Parasympathikus

Die Ursprungsfasern des Parasympathikus stammen aus den Bereichen der Hirnnervenkerne des N. oculomotorius (III), N. facialis (VII), N. glossopharyngeus (IX) und N. vagus (X). In der Beckenregion stammen sie aus dem Sakralmark S1 bis S4. Im Unterschied zum Sympathikus sind die präganglionären Fasern meist sehr lang. Im Kopf werden sie in speziellen Ganglien umgeschaltet: Ganglion ciliare (III), Ganglion pterygopalatinum und Ganglion submandibulare (VII), Ganglion oticum (IX). Die präganglionären Fasern des N. vagus werden erst in den Erfolgsorganen in intramuralen Ganglien umgeschaltet. Wenige Fasern innervieren den Plexus solaris. Die sakralen parasympathischen Fasern werden nur teilweise in den Ganglia hypogastrici umgeschaltet, die meisten Fasern ziehen direkt zu den Beckenorganen.

Tab. 11-4 Wirkung des Parasympahtikus in den Erfolgsorganen (→ Abb. 11-4)

Organ	Wirkung
Herz	negativ chronotrop, negativ dromotop (negativ inotrop nur am Vorhof)
Bronchien	Kontraktion
Magen-Darm-Trakt	Motilitätszunahme
Auge	Miosis, Nahakkommodation
Tränendrüse, Speicheldrüsen	Sekretion

Tab. 11-5 Pharmaka, die auf das parasympathische Nervensystem wirken

Rezeptor	Stimulatoren*	Blocker	Wirkung über
Nikotinischer AChR			
N_1, N_M = muskulär motorische Endplatte	Succinylcholin	Curare, α-Bungarotoxin N_1	nichtselektiven Kationenkanal
N_2, N_N = neuronal vegetative Ganglien	Hexamethonium		nichtselektiven Kationenkanal
Muskarinischer AChR (G-Protein-gekoppelt)			
M_1, M_3 (glatte Muskulatur, Drüsen)	Carbachol	Atropin	IP_3, DAG, Ca^{2+} ↑
M_2 (z. B. Herz)	Carbachol	Atropin	cAMP ↓ , gK ↑

* indirekte Stimulation cholinerger Übertragung: Physostigmin (Blockade der Cholinesterase)

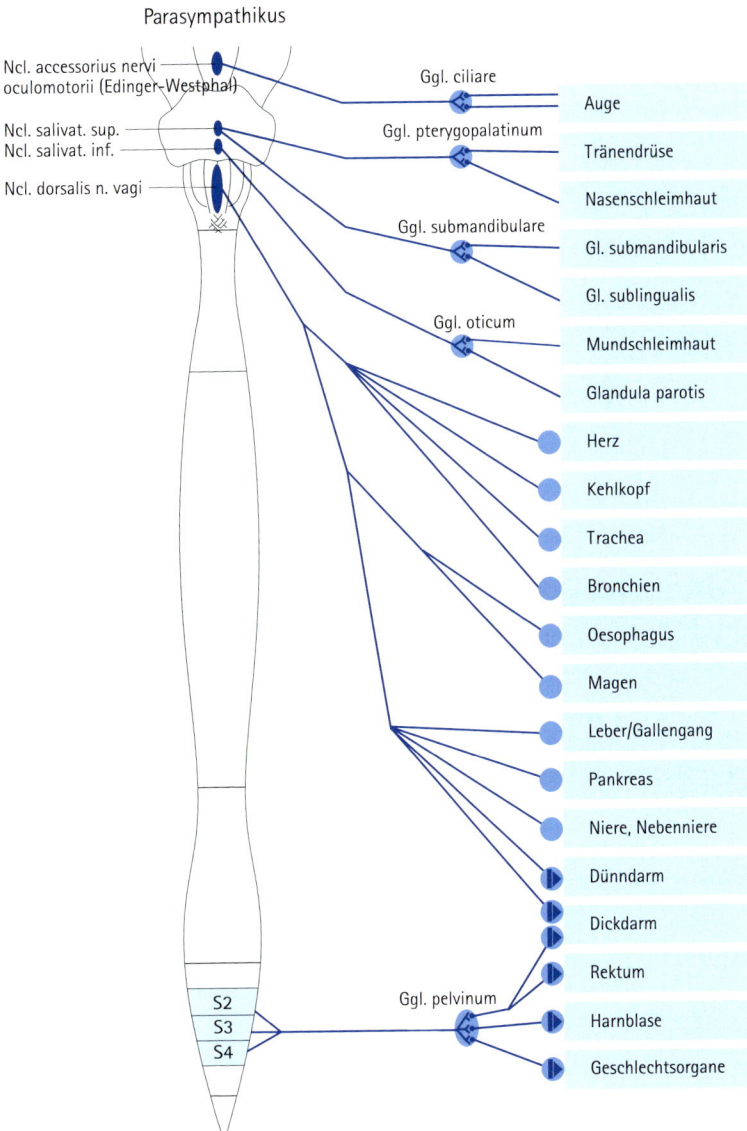

Abb. 11-4
Das parasympathische Nervensystem entspringt Hirnnervenkernen oder dem sakralen Rückenmark, wird in parasympathischen Ganglien verschaltet und innerviert zahlreiche Organe.

12

12.1 Reflexe

Die Sensomotorik beschreibt die Wahrnehmung der Umwelt und des eigenen Körperzustandes im Hinblick auf motorische Programme für Schnelligkeit, Rhythmus und Flüssigkeit der Bewegung, die der Verhaltensänderung dienen. Im motorischen Kortex sind Muskelgruppen entsprechend ihrer Bedeutung für das menschliche Leben repräsentiert (→ Abb. 12-1). So nehmen z. B. Hand und Mundregion besonders große Flächen ein. Zusammengesetzt ergibt dies einen somatomotorischen Homunkulus. Aus dem somatomotorischen Kortex steigen motorische Informationen über die Pyramidenbahn ab, deren Hauptanteil in der Pyramide zur Gegenseite kreuzt.

+ Klinik: Durch die topographische Beziehung der Pyramidenbahn und den Basalganglien zu den besonders durch eine Durchblutungsstörung gefährdeten Regionen aus dem Versorgungsgebiet der A. cerebri media erklären sich viele Symptome des Schlaganfalls mit Halbseitenlähmung (Wernicke-Syndrom).

Besondere Bedeutung kommt den Reflexen zu. Sie sind definiert als automatische, zweckgerichtete und wiederholbare Antwort des Organismus auf einen Reiz, die stereotyp abläuft. Ein Reflexbogen (→ Abb. 12-2) besteht aus fünf Komponenten: Rezeptor, afferente Leitung, Verarbeitung im ZNS (Synapse!), efferente Leitung, Effektor. Bestimmte Sinnessysteme wie z. B. Auge und Ohr haben spezialisierte Rezeptorzellen (sekundäre Sinneszellen).

! Merke! Bei einem Eigenreflex liegen Rezeptor und Effektor in der gleichen Struktur, bei einem Fremdreflex in unterschiedlichen Strukturen. Ein Reflex kann mono-, di- oder polysynaptisch sein, je nachdem, wie viele Synapsen im ZNS beteiligt sind. Diese Umschaltstellen im Rückenmark regulieren die Verstärkung oder Verminderung des Signals. Sie kommunizieren außerdem mit übergeordneten Hirnzentren.

Eine Dehnung des Muskels führt auch zu einer Dehnung der Muskelspindel. Die Muskelspindel liefert Informationen über Positions- und Längenänderungen des Muskels. Diese werden über Ia-Fasern in das Rückenmark geleitet. Dort erfolgt eine Umschaltung auf α-Motoneurone, die als efferente Fasern den Muskel innervieren. Ihre Reizung führt zur Kontraktion des Muskels. Gleichzeitig wird der Muskel auch über γ-Motoneurone an den Polen der Muskelfasern (intrafusale Muskelfasern) und den Golgi-Sehnenorganen innerviert. Erstere verstellen die Empfindlichkeit der Muskelspindel, letztere die Muskelspannung.

Klinisch werden zahlreiche monosynaptische Dehnungsreflexe (T-Reflex von engl. tendon = Sehne) geprüft. Durch Kenntnis der Höhe der Eintrittsstelle in das Rückenmark können Schädigungsorte im Nervensystem lokalisiert werden. Typische Reflexe sind z. B. der Patellarsehnenreflex (PSR) oder der Achillessehnenreflex (ASR).

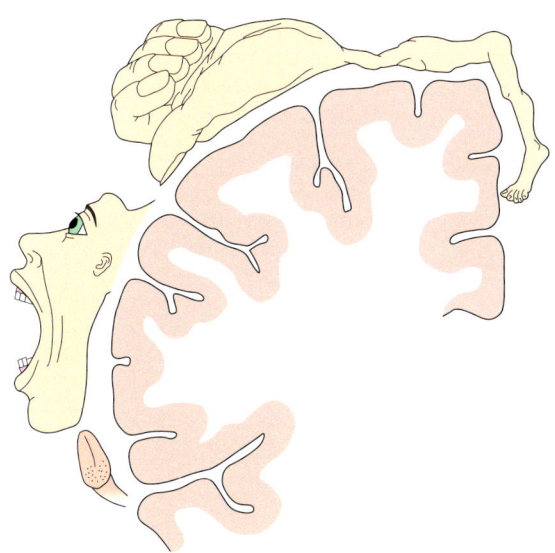

Abb. 12-1
Einzelne Muskelgruppen sind im sensorischen sowie motorischen Kortex je nach ihrer Bedeutung repräsentiert, so dass das Bild eines sensomotorischen „Homunkulus" entsteht.

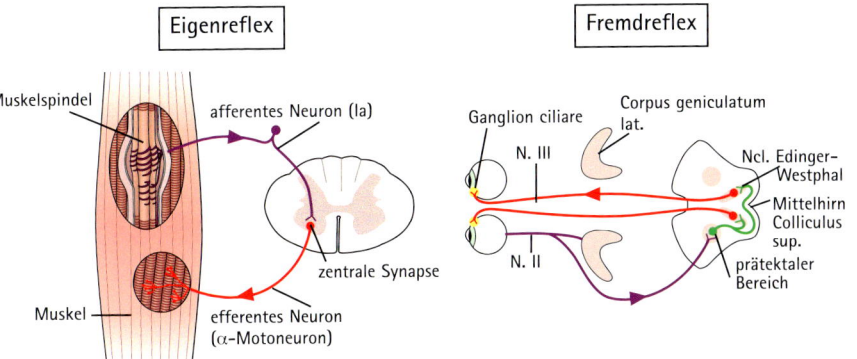

Abb. 12-2
Im Reflexbogen eines Eigenreflexes ist der Kreis zwischen afferentem und efferentem Neuron geschlossen: Beide führen vom/zum selben Muskel. Im Reflexbogen eines Fremdreflexes dagegen führt das efferente Neuron nicht zum selben Muskel zurück, aus dem das afferente Neuron entspringt.

12

12.2.1 Mechanismen der Reflexhemmung

Nicht nur die Reflexentstehung und -fortleitung, sondern auch hemmende Einflüsse auf Reflex-bögen spielen eine große Rolle. Dabei gibt es mehrere grundlegende Prinzipien der Reflex-hemmung:

1. **Autogene Hemmung** (→ Abb. 12-3)
   Ausgehend vom Golgi-Sehnenorgan wird über eine di- bzw. trisynaptische Verbindung das homonyme Motoneuron inhibiert. Gleichzeitig wird durch eine disynaptische Verbindung das antagonistische Motoneuron erregt. Die autogene Hemmung dient der Konstanz des Muskeltonus.

2. **Reziprok-antagonistische Hemmung** (→ Abb. 12-4)
   Ausgehend von der Muskelspindel wird über eine monosynaptische Verbindung das homony-me Motoneuron erregt, durch eine disynaptische Verbindung das antagonistische Motoneu-ron inhibiert. Die reziprok-antagonistische Hemmung dient der Kontrolle der Muskellänge.

3. **Rückwärtshemmung** (syn. rekurrente Hemmung, Renshaw-Hemmung, → Abb. 12-5)
   Durch ein zwischengeschaltetes, hemmendes Interneuron (Renshaw-Zelle) wird über eine negative Rückkopplung das Signal abgeschaltet. Die Rückwärtshemmung dient der Signalausschaltung.

4. **Vorwärtshemmung** (→ Abb. 12-6)
   Durch ein zwischengeschaltetes hemmendes Interneuron zu benachbarten Motoneuronen wird das Signal hervorgehoben. Die Vorwärtshemmung dient der Kontrastverstärkung.

! **Merke!** Alle Mechanismen der Reflexhemmung kommen gleichzeitig vor.

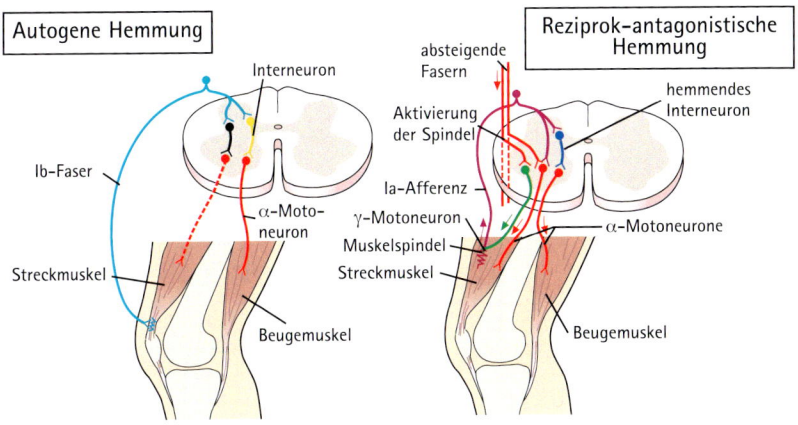

Autogene Hemmung

Interneuron

Ib-Faser

α-Moto-
neuron

Streckmuskel

Beugemuskel

Reziprok-antagonistische Hemmung

absteigende
Fasern

Aktivierung
der Spindel

Ia-Afferenz

γ-Motoneuron

Muskelspindel

Streckmuskel

hemmendes
Interneuron

α-Motoneurone

Beugemuskel

Abb. 12-3
Bei der autogenen Hemmung wird das homonyme
Motoneuron gehemmt und das antagonistische
Motoneuron stimuliert.

Abb. 12-4
Bei der reziprok-antagonistischen Hemmung wird
das homonyme Motoneuron stimuliert und das
antagonistische Motoneuron gehemmt.

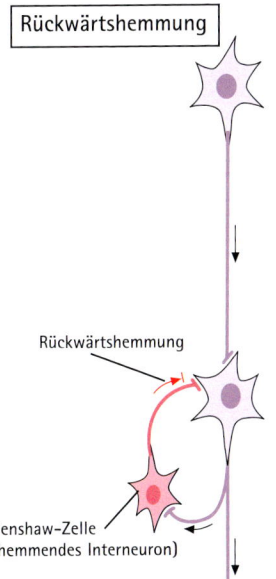

Rückwärtshemmung

Rückwärtshemmung

Renshaw-Zelle
(hemmendes Interneuron)

Abb. 12-5
Bei der Rückwärts-(Renshaw-)Hemmung wird das
Motoneuron durch ein zwischengeschaltetes
Interneuron (Renshaw-Zelle) gehemmt.

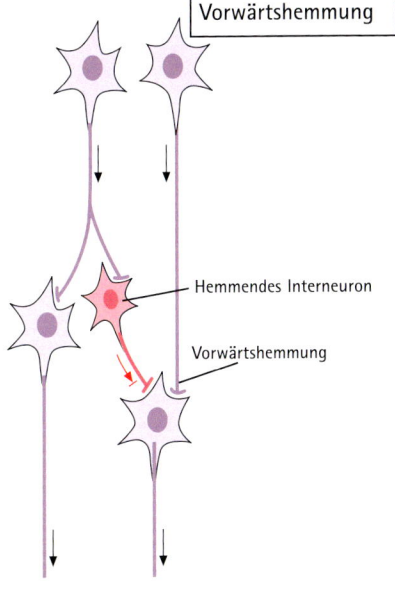

Vorwärtshemmung

Hemmendes Interneuron

Vorwärtshemmung

Abb. 12-6
Bei der Vorwärtshemmung werden benachbarte
Motoneurone durch ein zwischengeschaltetes
Interneuron gehemmt.

12

12.2.2 Mechanismen der Reflexverstärkung: Disinhibition

 Klinik: Bei einer Querschnittlähmung werden inhibierende absteigende Bahnen im Rückenmark unterbrochen. Der typische Verlauf einer Querschnittlähmung ist zweiphasig:

1. In der ersten Phase, der Phase des „spinalen Schocks", überwiegt eine schlaffe Lähmung der Extremität. Diese Phase dauert ca. 4–6 Wochen.
2. Danach folgt das „Syndrom der spinalen Spastik". In dieser Phase findet man Spasmen, Tonuserhöhung und Reflexsteigerung in der betroffenen abhängigen Muskulatur. Diese Symptomatik erklärt sich durch eine **Disinhibition** (Hemmung der Hemmung = Enthemmung) des Reflexbogens durch den Wegfall der supraspinalen hemmenden Kontrolle.

Auf einer ähnlichen Ursache basiert die Verstärkung eines schwachen Reflexes an der unteren Extremität durch kräftiges Ziehen an den verschränkten Händen, dem so genannten Jendrassik'schen Handgriff (→ Abb. 12-7). Hier bewirkt eine Inhibition der hemmenden absteigenden Bahnen eine Disinhibition und damit Bahnung des Reflexes.

12.2.3 Antworten der Nervenfasern bei elektrischer Reizung

Durch elektrische Reizung der Nervenfasern entstehen so genannte H-Reflexe (nach Hofmann) (→ Abb. 12-8).

Bei niedrigen Reizspannungen entstehen zunächst H-Wellen, die etwa 30–35 ms nach Reizung messbar sind. Sie repräsentieren den Verlauf der elektrischen Reizung entlang des Reflexbogens. Bei höheren Spannungen treten zusätzlich M-Wellen (von Motoneuron) mit einer Latenz von 5–10 ms auf. Sie entstehen durch rückläufige Erregungsfortleitung im Nerven direkt im α-Motoneuron.

Bei noch größeren Reizstärken werden die H-Wellen, nicht jedoch die M-Wellen, wieder kleiner. Dies lässt sich erklären durch Kollision des afferenten Signals mit dem efferenten Signal, einer Verhinderung der rechtläufigen Erregungsausbreitung aufgrund der Refraktärzeit (Okklusion) und einer Reizung von Ib-Fasern, die zur Hemmung des Signals führen.

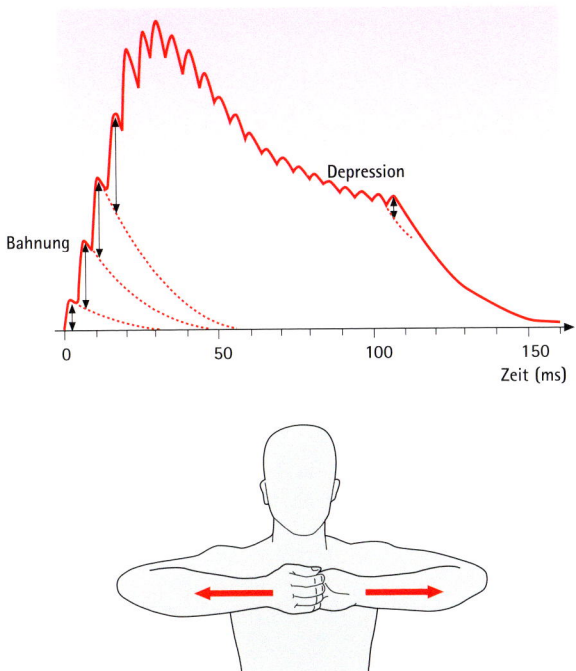

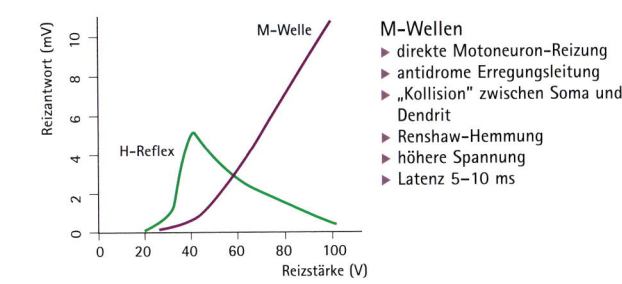

Abb. 12-7
Der Jendrassik'sche Handgriff dient der Bahnung eines Reflexes der unteren Extremität.

H-Wellen
▶ Reflexantwort über Rückenmark
▶ Ia-Fasern
▶ niedrige Schwelle
▶ Latenz 30–35 ms

M-Wellen
▶ direkte Motoneuron-Reizung
▶ antidrome Erregungsleitung
▶ „Kollision" zwischen Soma und Dendrit
▶ Renshaw-Hemmung
▶ höhere Spannung
▶ Latenz 5–10 ms

Abb. 12-8
Bei elektrischer Reizung einer Nervenfaser zeigen sich H-Wellen, die die Reflexantwort über die Verschaltung im Rückenmark anzeigen und M-Wellen, die durch direkte Reizung der Motoneurone entstehen.

13

13.1 Anatomie des Auges

Im Auge wird ein physikalisches System (Dioptrischer Apparat) in ein physiologisches System (Rezeptoren für Licht und Farbe, adäquater Reiz Licht der Wellenlänge λ = 400–750 nm) umgesetzt. (→ Abb. 13-1)

13.2 Linsenoptik

Beim Übergang vom optisch dünneren (z. B. Luft) zum optisch dichteren (z. B. Cornea) Medium wird das Licht zum Einfallslot hin gebrochen.

Im Auge erfolgt die Brechung von Licht an mehreren Übergangsflächen (Luft-Cornea, Cornea-Kammerwasser, Kammerwasser-Linse, Linse-Glaskörper) mit verschiedenen Eigenschaften. Zum einfacheren Verständnis werden diese meist auf zwei Grenzflächen reduziert, so dass als reduziertes Auge ein vereinfachtes Modell des dioptrischen Apparats aus Cornea und Linse bezeichnet wird.

Ähnlich wie bei einer Linse aus Glas wird Licht in der Augenlinse gebrochen.
▶ Das Ausmaß der Krümmung (Krümmungsradius) bestimmt den Brennpunkt (F), in dem sich alle parallel zur optischen Achse einfallenden Strahlen treffen.
▶ Der Knotenpunkt (K) ist der Mittelpunkt der sphärischen Übergangsfläche. Ein Strahl, der durch den Knotenpunkt hindurch geht, wird nicht gebrochen.
▶ Der Hauptpunkt (H) ist der Schnittpunkt der optischen Achse mit der Übergangsfläche.

Für die Abbildung am reduzierten Auge gilt die Abbildungsgleichung (Abb. 13-2):

$$\frac{1}{f} = \frac{1}{g} + \frac{1}{b}$$

f: Brennweite; g: Gegenstandsweite; b: Bildweite

Daraus folgt, dass durch eine Sammellinse (Plus-Gläser) ein reelles umgekehrtes Bild und durch eine Streulinse (Minus-Gläser) ein virtuelles aufrechtes Bild entsteht.

Die Brechkraft ist definiert als Kehrwert der Brennweite f. Sie ist direkt abhängig vom jeweiligen Krümmungsradius (→ Astigmatismus, S. 148). Die Einheit der Brechkraft ist die Dioptrie (dpt).

$$D = \frac{1}{f}$$

D: Brechkraft in dpt; f: Brennweite in m

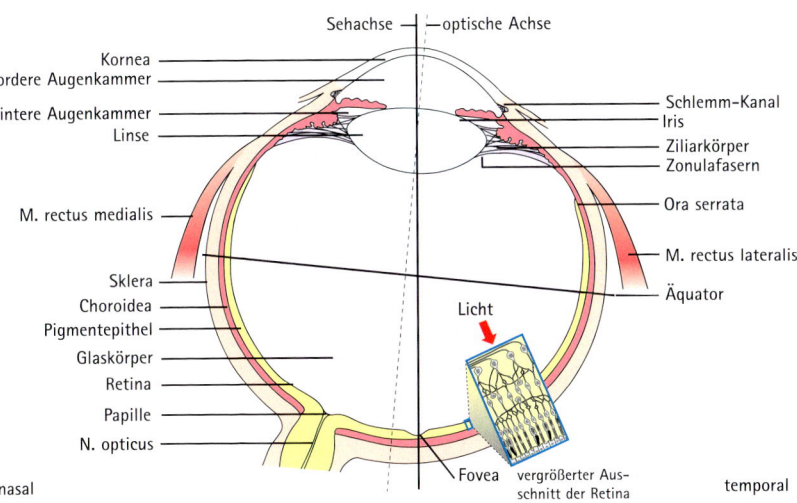

Abb. 13-1
Das Licht gelangt durch den dioptrischen Apparat (im „reduzierten Auge": Cornea und Linse) zu den Photorezeptoren der Netzhaut.

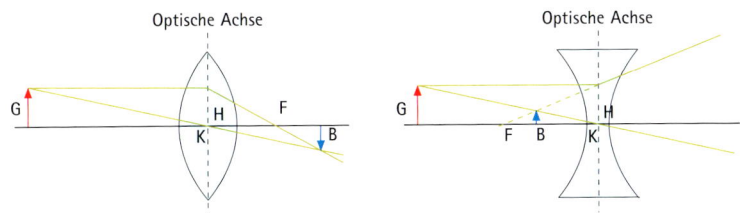

Abb. 13-2
Abbildung an konvexen (Sammel-) und konkaven (Streu-)Linsen.
G = Gegenstand, B = Bild, F = Brennpunkt, H = Hauptebene, K = Knotenpunkt

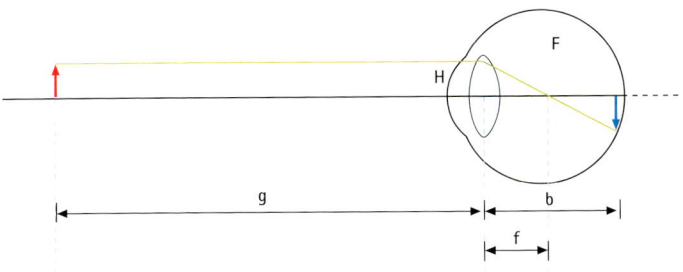

Abb. 13-3
Die Abbildungsgleichung bestimmt das Verhältnis von Gegenstandsweite g, Bildweite b und Brennweite f.

13

13.3 Refraktionsanomalien

Als Refraktionsanomalien werden anatomische Besonderheiten des Bulbus bezeichnet, die dazu führen, dass ein Bild nicht mehr scharf auf der Netzhaut abgebildet werden kann (→ Abb. 13-4). Man unterscheidet die **Myopie** („Kurzsichtigkeit"), bei der der Bulbus relativ zu lang ist und die Bildebene vor der Fovea liegt, von der **Hyperopie** („Weitsichtigkeit"), bei der der Bulbus relativ zu kurz ist und die Bildebene hinter der Fovea liegt.

➕ **Klinik:** Die **M**yopie wird mit **M**inusgläsern (Streulinsen, konkav), die Hyperopie mit Plusgläser (Sammellinsen, konvex) korrigiert.

Allerdings wird auch beim normalsichtigen („emmetropen") Auge ein Bildpunkt nicht an einer Stelle abgebildet, sondern in einem doppeltrichterförmigen Volumen.

ℹ️ **Hinweis:** Weißes Licht ist aus Licht verschiedener Wellenlängen zusammengesetzt. An Linsen wird Licht unterschiedlicher Wellenlänge verschieden stark gebrochen (chromatische Aberration), so dass auch für die Extreme Rot und Blau kein einheitlicher Bildpunkt zustande kommt.

13.4 Klinischer Ausblick: Astigmatismus (Stabsichtigkeit)

Als Astigmatismus (griech. Stigma = Punkt, also „Nicht punktförmiges Sehen") wird eine Störung der Hornhautkrümmung bezeichnet, bei der sich die Meridiane der Hornhautbrechkräfte unterscheiden, z. B. ist die Brechkraft in Horizontalebene und Vertikalebene verschieden (→ Abb. 13-5). Dadurch erscheint ein punktförmiger Gegenstand als stabförmiges Bild. Ein Astigmatismus kann mit einem **O**phthalmometer gemessen werden.

Es gibt verschiedene Arten:
▸ Regulärer Astigmatismus: Die Achsen der Brechkraftmaxima stehen senkrecht zueinander, wobei „mit der Regel" bedeutet, dass die vertikale Brechkraft größer ist als die horizontale ($D_{vert} > D_{horiz}$) und „gegen die Regel" das Umgekehrte besagt ($D_{vert} < D_{horiz}$).
▸ Bei einem irregulären Astigmatismus stehen die Brechkraftachsen **nicht** senkrecht zueinander.
▸ Ein physiologischer Astigmatismus liegt vor, wenn die Brechkraftunterschiede der Vertikalen gegenüber der Horizontalen nicht größer als 0,5 dpt ist.

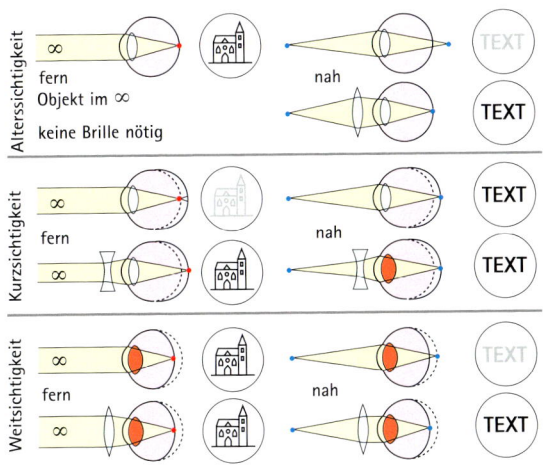

Abb. 13-4
Pathologie der Bulbuslänge bei Myopie („Kurzsichtigkeit") und Hyperopie (auch: Hypermetropie, „Weitsichtigkeit") bzw. nachlassender Linsenelastizität bei Presbyopie („Alterssichtigkeit") und Korrektur mit geeigne-
ten Linsen für Scharfsehen.

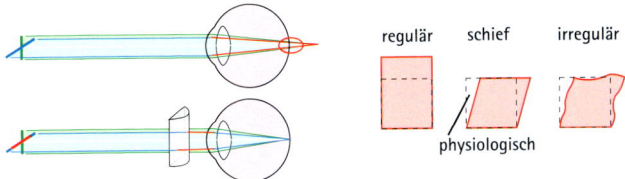

Abb. 13-5
Beim Astigmatismus treten Brechkraftunterschiede in den einzelnen Corneaebenen auf. Sie können mit
Zylindergläsern ausgeglichen werden.

13

13.5 Akkommodation, Pupillenreaktion, vordere Augenkammer

13.5.1 Pupillenreaktion

Die Pupillenreaktion spielt besonders in Notfallmedizin, Anästhesie und auf der Intensivstation eine wichtige Rolle zur Beurteilung von Bewusstseinszustand und eventuellen Hirnschäden. Mechanismus: Licht auf Retina → Afferenz → N. opticus → Umschaltung in Area praetectalis → N. oculomotorius → Efferenz → M. sphincter pupillae: Pupillenverengung.

✚ Klinik:
- ▶ Miosis: enge Pupille, z. B. durch Pharmaka und Drogen (Morphine)
- ▶ Mydriasis: weite Pupille, z. B. durch Atropin
- ▶ Konsensuelle Reaktion: Mitinnervation des kontralateralen Auges. Pupillenverengung auch durch Nahakkomodation.
- ▶ Konvergenzreaktion und Pupillenreflex: N. oculomotorius (III), M. ciliaris, M. sphincter pupillae

13.5.2 Kammerwasser, Augeninnendruck und Glaukom

Vordere Augenkammer: mit Kammerwasser gefüllt, Kammerwasserabfluss im Kammerwinkel durch den Schlemm'schen Kanal in das venöse System (ca. 4 µl/min).
Normaler Augeninnendruck bei ca. 2–3 kPa (15–22 mmHg) im Gleichgewicht zwischen Kammerwasserproduktion und -abfluss. Kammerwasserbildung im Processus ciliaris der hinteren Augenkammer.

✚ Klinik:
- ▶ Augeninnendruckerhöhung durch Engwinkelglaukom. Wichtig: kein erhöhter Augeninnendruck bei Offenwinkelglaukom. Messung durch Tonometrie. Frühdiagnose durch Ausmessen der Papille mit typischen Veränderungen am Augenhintergrund.
- ▶ Glaukom („grüner Star"). Chronisch erhöhter Augeninnendruck führt zur Schädigung der Netzhaut mit typischen Gesichtsfeldausfällen.

13.5.3 Akkommodation

Regulation der Linsendicke durch den M. ciliaris (→ Abb. 13-6): Bei Kontraktion des M. ciliaris sind die Zonulafasern entspannt und die Linse wird kugelig (Nahakkomodation). Bei Entspannung des M. ciliaris ziehen die Zonulafasern an der Linse, diese wird flacher (Fernakkomodation). Mit der Spaltlampe kann der vordere Augenabschnitte inklusive Cornea, Pupille und Kammerwinkel untersucht werden.

✚ Klinik: Presbyopie (Alterssichtigkeit)
- ▶ Im Alter verliert die Linse an Elastizität und die Akkommodationsbreite, d. h. die Differenz der Brechkraft für Fern- und Nahakkomodation wird kleiner (→ Abb. 13-7). Dadurch kann nicht mehr so gut nah akkomodiert werden und eine Lesebrille (Plusgläser, konvex) wird nötig (oder die Armlänge ist gegenüber dem Zeitungsabstand relativ zu kurz).
- ▶ Katarakt („grauer Star"): Eine Linsentrübung führt zu Gesichtsfeldausfällen.

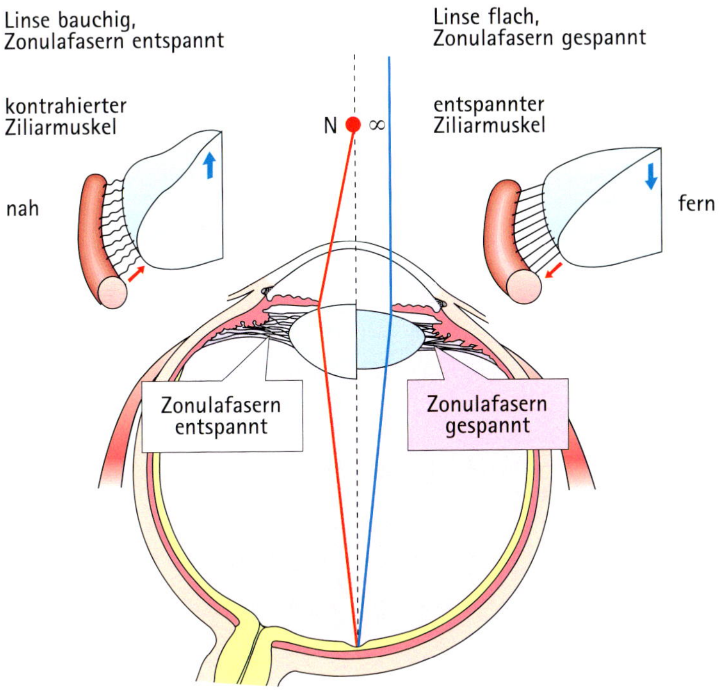

Linse bauchig,
Zonulafasern entspannt

Linse flach,
Zonulafasern gespannt

kontrahierter
Ziliarmuskel

entspannter
Ziliarmuskel

N ● ∞

nah

fern

Zonulafasern
entspannt

Zonulafasern
gespannt

Abb. 13-6
Bei der Nahakkomodation ist der M. ciliaris gespannt, die Zonulafasern entspannt und die Linse bauchig (große Brechkraft). Bei der Fernakkomodation ist der M. ciliaris entspannt, die Zonulafasern angespannt und die Linse flach (geringe Brechkraft).

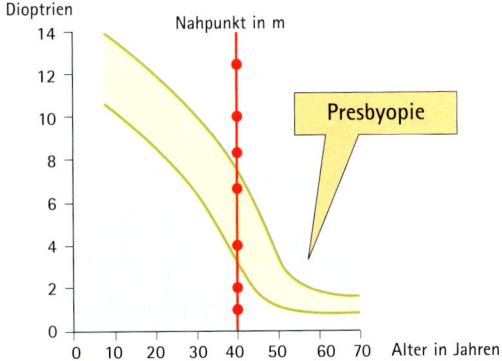

Dioptrien

Nahpunkt in m

Presbyopie

Alter in Jahren

Abb. 13-7
Die Differenz zwischen maximaler und minimaler Brechkraft der Linse wird als Akkommodationsbreite bezeichnet. Sie nimmt mit dem Alter ab und ist für die Presbyopie („Alterssichtigkeit") verantwortlich.

13

13.6 Sehbahn und Gesichtsfeld

Objekte werden durch die Pupille und Linse auf der Retina abgebildet. Dabei gelangt Licht von nasalen Anteilen des Gesichtsfelds auf temporale Retinaflächen und Licht von temporalen Anteilen des Gesichtsfelds auf nasale Retinaflächen. Nur Nervenfasern des Nervus opticus der nasalen Anteile der Retina kreuzen im Chiasma opticum, während die temporalen Fasern ungekreuzt hindurchziehen. Der Tractus opticus wird im Corpus geniculatum laterale (CGL) verschaltet. Die Sehstrahlung, Radiatio optica, zieht von dort zum visuellen Kortex.

Die Prüfung des Gesichtsfelds und von Gesichtsfeldausfällen erfolgt durch Perimetrie. Neben einer orientierenden klinischen Fingerperimetrie werden bei der kinetischen Perimetrie im Goldmann-Perimeter Lichtpunkte von außen in das Gesichtsfeld geführt, bis der Lichtpunkt wahrgenommen wird. Bei der statischen Perimetrie tauchen zufällig Lichtpunkte im Gesichtsfeld auf.

Weißes Licht wird weit außen gesehen (großes Gesichtsfeld), gefolgt von blau, rot und grün (kleinstes Gesichtsfeld). Je größer bzw. je heller der Lichtpunkt, desto früher wird er erkannt. Schädigungen der Sehbahn an bestimmten Positionen führen zu typischen Gesichtsfeldausfällen (Skotomen) (→ Abb. 13-8).

 Hinweis: Die Sehbahn ist ein beliebtes Prüfungsthema, da sie sowohl
▸ interdisziplinäre klinische Aspekte umfasst (Anatomie, Physiologie, Neurologie, Neurochirurgie) als auch
▸ zeigt, ob jemand Schlüsse ziehen und ein Schädigungsmuster herleiten kann, oder ob bloß auswendig gelernt wurde.
Mein Tipp: Einmal die anatomische Grundlage lernen und die Gesichtsfeldausfälle herleiten (in der mündlichen Prüfung bitte laut hörbar, das macht Eindruck).

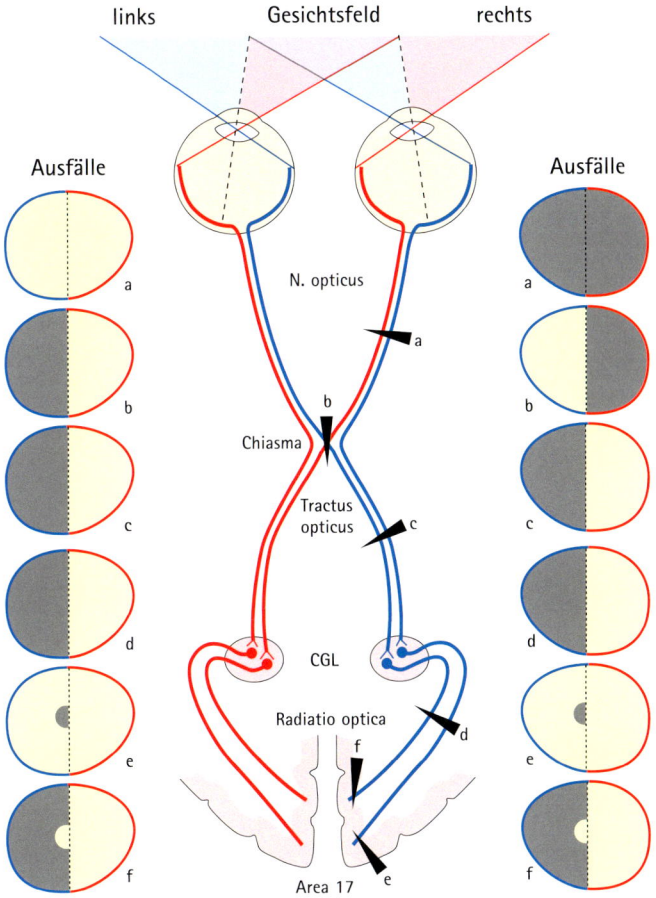

Abb. 13-8
Bei einem Gesichtsfeldausfall kann aufgrund des typischen Schädigungsmusters auf den Ort der Schädigung in der Sehbahn geschlossen werden.

13

13.7 Binokulares Stereosehen

Für die räumliche Wahrnehmung sind zwei Augen nötig. Eine (gedachte) gekrümmte Fläche (Horopter) wird durch beide Augen und ein Objekt gelegt (→ Abb. 13-9). Im Gehirn wird der Kreisradius mit Referenzradien durch nähere oder entferntere Objekte verglichen. Dadurch entsteht der Eindruck von Räumlichkeit und Entfernung.

! **Merke!** Der Horopter ist ein dynamisches System. Es wird dauernd ein neuer Fixationspunkt eingestellt und mit diesem die unscharfen Gegenstände davor oder dahinter verglichen. Räumlichkeit ist aber auch von Erfahrungen und Beleuchtungsverhältnissen abhängig.

13.8 Adaptation an verschiedene Lichtintensitäten

Als Adaptation wird die Empfindlichkeitseinstellung des Auges bei wechselnder Lichtintensität bezeichnet.

! **Merke!** Im Gegensatz dazu bedeutet Rezeptoradaptation, dass Rezeptoren nicht mehr so gut durch einen Reiz stimulierbar sind.

Ein maximal adaptiertes Auge kann den Lichtreiz eines einzelnen Photons auflösen. Die Farbe des Umgebungslichts beeinflusst die Adaptationsgeschwindigkeit, deshalb gibt es z. B. rotes Licht in Fotolabors und Radiologiepraxen.

Die Sinnesrezeptoren Stäbchen für skotopisches Sehen (Hell-Dunkel) und Zapfen für photopisches Sehen (Farbe bei Tageslicht) haben unterschiedliche Adaptationsschwellen (→ Abb. 13-10). Durch Überlagerung der beiden Adaptationskurven kommt es zu einem plötzlichen „Abknicken" der resultierenden Adaptationskurve (Kohlrausch'scher Knick).

i **Hinweis:** Daraus erklärt sich doch, dass nachts alle Katzen grau sind, oder?

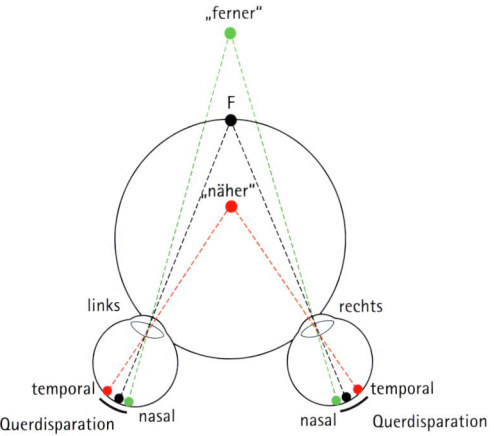

Abb. 13-9
Stereosehen kommt durch die Abbildung eines Gegenstandes auf korrespondierende Netzhautstellen zwischen rechtem und linkem Auge zustande. Alle diese Punkte liegen in einer gedachten Ebene, dem Horopter.

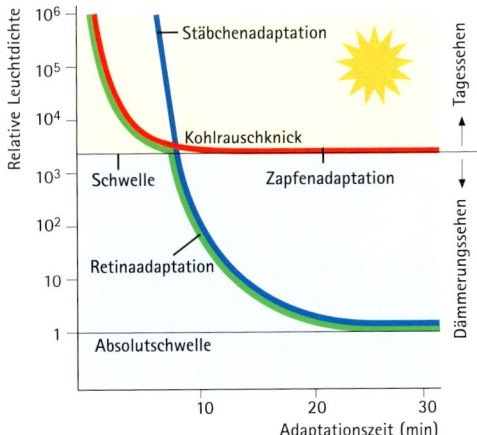

Abb. 13-10
Stäbchen und Zapfen haben andere Adaptationsschwellen. Im Hellen erfolgt das Sehen damit hauptsächlich über die Zapfen, im Dunkeln über die Stäbchen.

13

13.9 Sehschärfe (Visus)

Der Visus ist als die Sehschärfe an der Stelle des schärfsten Sehens (Macula lutea der Fovea centralis) definiert. Es gilt (→ Abb. 13-11):

$$V = \frac{1}{\alpha} \ [\text{Winkelminuten}^{-1}] = \frac{\text{Ist-Wert [m]}}{\text{Soll-Wert [m]}}$$

Bei der Messung mit Wandtafeln oder Projektionsgeräten wird verglichen, aus welcher Entfernung ein Zeichen gerade noch gelesen werden kann (Ist-Wert) und aus welcher Entfernung das Zeichen gelesen werden sollte (Soll-Wert). Früher wurden dazu Buchstaben oder Ziffern verwendet, heute sollten aufgrund der niedrigeren Ratewahrscheinlichkeit nur noch die Landoltringe zum Einsatz kommen. Die Sehschärfe hat ihr Maximum an der Fovea centralis (dort sitzen auch die Zapfen am dichtesten) und nimmt zur Peripherie hin ab (→ Abb. 13-12).

ℹ️ **Hinweis:** Um zu verdeutlichen, wie gut das Auge zwei Punkte trennen kann, stellen Sie sich vor, dass Sie sich im Erdmittelpunkt befinden und zwei Schiffe auf der Meeresoberfläche (also in ca. 6.300 km Entfernung) betrachten. Sie können bei einem Visus von 1,0 beide Schiffe dann trennen, wenn sich diese eine Winkelminute voneinander entfernt befinden. Da der Äquator ca. 40.000 km lang ist (360°), müssen die Schiffe also 1,852 km auseinander stehen. Dies ist die Definition einer Seemeile!

➕ **Klinik:** Schielamblyopie
Bei einer Schielfehlstellung eines Auges werden im Gehirn Doppelbilder erzeugt (selbst testen!). Beim angeborenen Schielen kann das dazu führen, dass der Eingang eines Auges ganz unterdrückt wird und das Auge stetig an Visus verliert, bis es funktionell erblindet ist. Im visuellen Kortex werden dann entsprechende Zentren nicht mehr gereizt und verkümmern unwiederbringlich. Deshalb gilt es, Schielfehlstellungen frühzeitig zu erkennen und zu behandeln: „Time is Brain!"

13.10 Retina, Ophthalmoskopie

Der **Retinaaufbau** spiegelt bereits die erste Verarbeitung eines Lichtreizes wider. Durch die spezielle Verschaltung der Sinneszellen mit den zwischengeschalteten bipolaren und amakrinen Zellen bis hin zu den Ganglienzellen werden z. B. durch laterale Inhibition und Konvergenz Kontraste bereits in der Retina verstärkt.

Mit einem **Ophthalmoskop** wird der Augenhintergrund betrachtet. Bei der indirekten Technik wird ein umgekehrtes Bild erzeugt, die direkte Technik erlaubt eine Beobachtung im aufrechten Bild.

➕ **Klinik:** Bei vielen Erkrankungen, wie z. B. Diabetes mellitus und arterieller Hypertonie, treten typische Veränderungen am Augenhintergrund auf, die zu schweren Komplikationen bis hin zur Erblindung führen können.

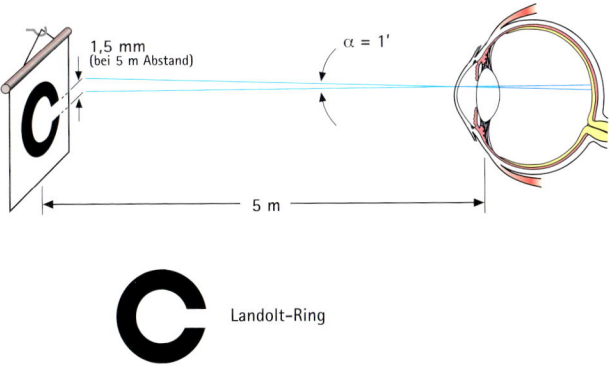

Abb. 13-11
Die Sehschärfe (Visus) wird durch Landolt-Ringe bestimmt, die eine Öffnung von einer Winkelminute aufweisen.

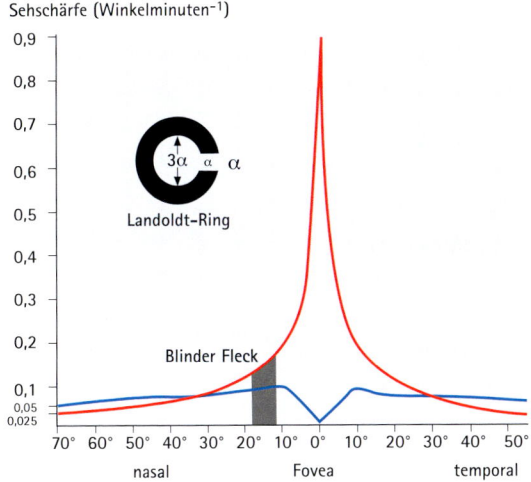

Abb. 13-12
Der Visus ist an der Fovea centralis der Macula lutea (gelber Fleck) am größten und nimmt zur Retina-peripherie hin ab. Am „blinden Fleck" befinden sich keine Photorezeptoren, sondern hier treten Sehnerv und Gefäße in den Augapfel ein.

13

13.11 Photorezeptoren und –transduktion

Die Photorezeptoren der Retina gliedern sich in ca. 120 Millionen Stäbchen, die besonders in der Retinaperipherie lokalisiert sind. Sie dienen dem Hell-Dunkel-Sehen und enthalten das Rhodopsin als Sehfarbstoff. Dagegen stehen die besonders in der Fovea centralis lokalisierten und für das Farbensehen (photopisches Sehen) wichtigen ca. sechs Millionen Zapfen. Es gibt drei Zapfentypen, die jeweils eine Isoform des Sehfarbstoffs enthalten (L-, M-, S-Opsin). Diese Opsine haben je ein Absorptionsmaximum für Rot, Grün und Blau (→ Abb. 13-13).

> **i** | **Hinweis:** Zäpfchen sind zwar auch „was Medizinisches", wirken aber am anderen Ende!

Phototransduktionsprozess (→ Abb. 13-14):
Vitamin A (All-trans-Retinol) → All-trans-Retinal → 11-cis-Retinal → Rhodopsin → Lichtwahrnehmung durch Spaltung in Opsin, Einfluss von Transduzin und Arrestin. Photoneneinfall verändert die Struktur des Rhodopsinproteins, dadurch veränderte Leitfähigkeit der Membran für Natrium. Im Ruhezustand (Dunkel) fließt ein Dunkelstrom. Bei Beleuchtung schließen die Natrium-Kanäle und es kommt zur Hyperpolarisation der Membran.

> **!** | **Merke!** Im Gegensatz zu anderen Signaltransduktionsprozessen, die über zyklische Trinukleotide funktionieren, wird beim Sehprozess **cGMP**, nicht **cAMP**, eingesetzt.

13.12 Farbensehen

Die Wellenlänge des Lichts definiert seine Farbe. Andererseits beruht die Farbenwahrnehmung auf einer subjektiven Empfindung durch neuronale Verarbeitung, nicht auf den physikalischen Eigenschaften des Lichts. Das menschliche Auge kann Licht der Wellenlänge 400 nm (blau) bis 800 nm (rot) wahrnehmen (**adäquater Reiz** für die Photorezeptoren).

Theorien des Farbensehens

▶ Trichromatische Theorie nach Helmholtz, Maxwell und Young (Dreifarbentheorie)
Es gibt drei Primär- oder Grundfarben (Rot = 700 nm, Grün = 546 nm, Blau = 435 nm). Der Farbeindruck entsteht durch additive oder subtraktive Farbmischung.

> **!** | **Merke!** Die Empfindlichkeitsmaxima der Zapfen (420, 535, 565 nm) entsprechen **nicht** den Primärfarben.

▶ Komplementärfarbentheorie nach Mack und Heering (Gegenfarbentheorie, Antagonistische „Urfarben" Rot/Grün, Gelb/Blau und Schwarz/Weiß. Farbeindruck entsteht durch Gegenfarbenneurone in der Retina.
▶ Zonentheorie nach Kries

Dreifarbentheorie und Gegenfarbentheorie sind Teile der Eigenschaften des Farbensehens. Heute werden beide Theorien als sich ergänzend gesehen.

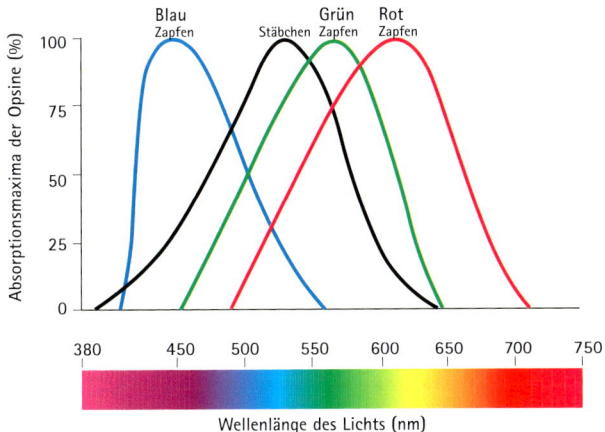

Abb. 13-13
Die verschiedenen Typen der Photorezeptoren unterscheiden sich durch ihre unterschiedliche Ausstattung mit Opsin-Molekülen, die verschiedene Absorptionsmaxima für Licht aufweisen. Es gibt drei Opsine in den Zapfen für Rot, Grün und Blau und ein Opsin in den Stäbchen.

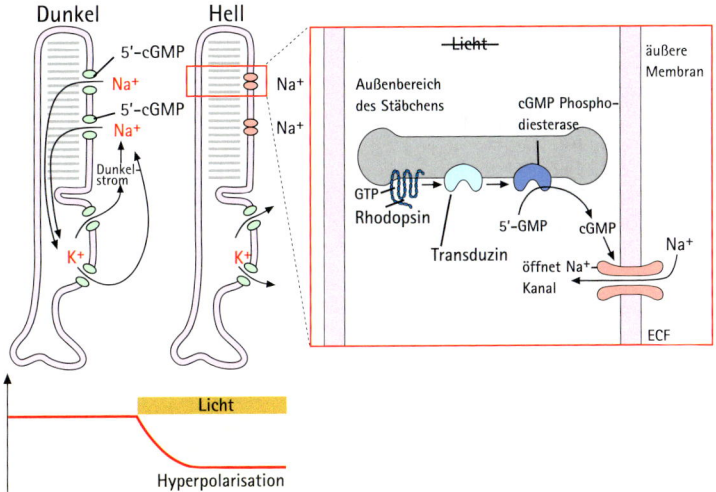

Abb. 13-14
In den Photorezeptoren fließt ein „Dunkelstrom", der durch permanent geöffnete Na⁺-Kanäle zustande kommt. Fällt Licht auf den Photorezeptor, wird durch Konformationsänderung der Opsine und durch eine nachfolgende Signalkaskade cGMP stabilisiert, das den Na⁺-Kanal verschließt. Es kommt zur Hyperpolarisation der Membran.

13

Farbmischung (→ Abb. 13-15)

Weißes Licht entsteht durch Farbmischung, d. h. Mischung von Licht verschiedener Wellenlängen.

▶ Additive Farbmischung: Licht verschiedener Wellenlängen trifft auf die gleiche Retinastelle, d. h. die Mischfarbe ruft den gleichen Sinneseindruck wie eine reine Spektralfarbe hervor. Typisches Beispiel ist der RGB (Red/Green/Blue)-Bildschirm, auf dem rote, grüne und blaue Bildpunkte angeregt werden.

▶ Subtraktive Farbmischung: Weißes Licht wird durch einen Filter entmischt, dadurch entsteht der Sinneseindruck einer reinen Spektralfarbe. Typisches Beispiel ist der CMYK (Cyan/Magenta/Yellow/Black)-Vierfarbendruck für Bücher und Zeitungen.

Farbsehstörungen

Genetische Farbfehlsichtigkeiten sind meistens auf dem X-Chromosom lokalisiert, deshalb sind Männer etwa 10-mal häufiger betroffen als Frauen.

1. Trichromatische Störung (ein Zapfentyp funktioniert nicht richtig)
    ▶ Protanomale → verminderte Rotempfindlichkeit (müssen im Anomaloskop mehr grün zumischen)
    ▶ Deutanomale → verminderte Grünempfindlichkeit (müssen im Anomaloskop mehr rot zumischen)
    ▶ Tritanomale → verminderte Blauempfindlichkeit (selten)

2. Dichromatische Störung (es fehlt je 1 Zapfentyp)
    ▶ Protanope → keine Rotsichtigkeit
    ▶ Deuteranope → keine Grünsichtigkeit
    ▶ Tritanope → keine Blausichtigkeit

3. Monochromatische Störung
    ▶ Stäbchen und Zapfen enthalten einheitlich Rhodopsin → keine Farbsichtigkeit

Farbfehlsichtigkeiten werden durch normierte Farbtafeln oder durch das Anomaloskop getestet. Dabei wird ein durch additive Farbmischung aus Rot und Grün entstandenes gelbes Mischlicht mit einem gelben Natriumlicht verglichen (→ Abb. 13-16). Oft müssen Rot-Grün-Fehlsichtige entweder eine Komponente intensiver zumischen oder auch die Intensität des Natriumlichts erhöhen. Mit dem Anomaloskop kann ein Anomalquotient bestimmt werden, der die Fehlsichtigkeit quantifiziert.

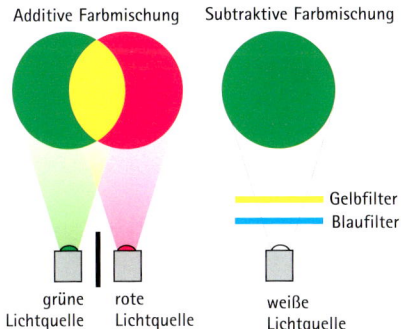

Abb. 13-15
Die additive Farbmischung (z. B. Fernsehmonitor) beruht auf Überlagerung, die subtraktive Farbmischung
(z. B. Zeitung) auf der Filterung von Licht verschiedener Wellenlängen.

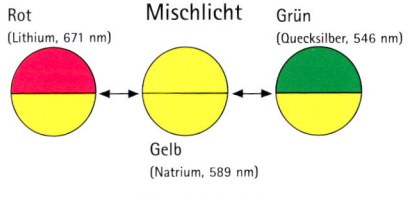

Abb. 13-16
Im Anomaloskop vergleicht ein Patient ein gelbes Licht mit einem Mischlicht aus Rot und Grün.
Farbfehlsichtige müssen mehr Rot oder Grün zumischen oder die Lichtintensität erhöhen.

13

13.13 Signalverarbeitung in der Retina, Kontraste

Kontraste entstehen durch Kontrastverstärkung direkt in der Retina. Mechanismen sind laterale Hemmung und Signalkonvergenz. Meist gibt es scharfe Kontrastgrenzen. Simultankontraste entstehen durch ein unbewegliches Objekt, Sukzessivkontraste durch ein bewegliches Objekt.

 Klinik: pathologische Veränderungen der Kontrastwahrnehmung durch grauen Star, Glaukom, Zerstörung der Sehbahn

13.13.1 Rezeptive Felder der Retina:

Ein rezeptives Feld (RF) ist definiert als Areal, von dem aus durch geeignete Reize ein zentrales Neuron erregt bzw. gehemmt wird.

! **Merke!** Rezeptive Felder sind anatomisch nicht konstant, sondern dynamisch definiert. Sie wechseln mit der Beleuchtung der Retina.

Trennschärfe entsteht dabei durch Überlappung zweier rezeptiver Felder → Organisation in On/Off-Zentrumneuronen und farbantagonistische Felder → Kontrastförderung, besonders gut bei bewegten Reizen

13.14 Visueller Kortex, Wahrnehmung

Der visuelle Kortex integriert die verschiedenen Informationen von Objekteigenschaften wie z. B. Ort, Bewegung, Entfernung, Form, Kontrast, Größe, Farbe, Identifikation, Bedeutung, Raum und Tiefenwahrnehmung.

Der visuelle Kortex besteht aus fünf funktionellen und morphologischen Arealen (→ Abb. 13-17). In der Region V1 werden linienförmige geometrische Figuren erkannt. Als Besonderheit dieses Areals finden sich hier Dominanzsäulen für den Eingang aus rechtem und linken Auge. In V2 werden diese geometrischen Formen zu Gestalten zusammengesetzt. In der Region V3 wird die Bewegung eines Objektes registriert. In der Region V4 werden Farbe, Form und Kategorie identifiziert. Die Region V5 dient der Ortsbestimmung, Raumtiefe- und Entfernungsmessung.

Die so genannten „optischen Täuschungen" (→ Abb. 13-18) basieren im Wesentlichen auf einer Verschiebung eines gelernten oder erwarteten Referenzpunktes, so dass eigentlich nicht das Auge, sondern das Gehirn „getäuscht" wird.

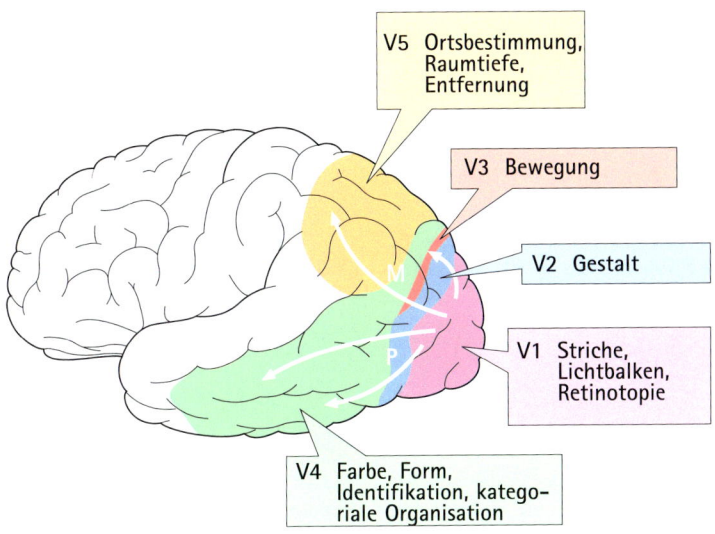

V5 Ortsbestimmung,
    Raumtiefe,
    Entfernung

V3 Bewegung

V2 Gestalt

V1 Striche,
    Lichtbalken,
    Retinotopie

V4 Farbe, Form,
    Identifikation, katego-
    riale Organisation

Abb. 13-17
Der visuelle Kortex gliedert sich in fünf Areale V1–V5 mit unterschiedlichen Funktionen.

Abb. 13-18
Das Herrmann-Gitter und die Badkachel-Illusion sind typische Beispiele für „optische Täuschungen", die auf Signalverarbeitung geometrsicher Muster in Retina und visuellem Kortex entstehen.

14

Das Hören dient der Aufnahme und Analyse von Sprache und Umweltgeräuschen. Ein intaktes Gehör ist wichtig, um Sprache zu erlernen. Ein Ersatz des Hörens durch andere Sinnessysteme ist nicht möglich. Deshalb kann Schwerhörigkeit auch zu sozialer Isolation führen.

14.1 Physikalische Grundlagen

Frequenz: ($\rightarrow$ Abb. 14-1)

$$f = \frac{1}{T} = \frac{n}{t}$$

f: Frequenz; T: Schwingungsdauer; n: Anzahl der Schwingungen; t: Zeit

Ton: Schwingung mit einer einzigen Frequenz. Die Amplitude bestimmt die Lautstärke, die Periode die Tonhöhe.
Klang: Überlagerung einer Schwingung mit Obertönen.
Geräusch: Schallereignis ohne definierte Frequenz.

Der Abstand zwischen zwei Frequenzen, die als „rein" empfunden werden, ist geometrisch definiert. So führt z. B. die Verkürzung einer schwingenden Saite auf die Hälfte zu einer Frequenzverdopplung. Dies wird als Zunahme einer Frequenz um eine Oktave wahrgenommen. Auch alle anderen musikalischen Intervalle stehen im Frequenzverhältnis einfacher Brüche zueinander.

Schall entsteht durch die Bewegung von Luftmolekülen. Neben der Frequenz spielt die Lautstärke eine wichtige Rolle, sie spiegelt sich in der Amplitude einer Schwingung wider. Sie ist definiert über

$p = F/A$

p: Schalldruck in Pa (Pascal); F: Kraft in N (Newton); A: Fläche in m^2

$$SPL = 20 \cdot \log \left(\frac{p}{p_0} \right)$$

SPL: Schalldruckpegel in dB (deziBel); $p_0 = 2 \cdot 10^{-5}$ Pa, wobei p_0 als Bezugsschalldruck der Hörschwelle bezeichnet wird.

Der Vergleich von Lautstärken geschieht definitionsgemäß durch Vergleich mit einem Ton von 1.000 Hz. Die Einheit dieses Lautstärkenvergleichs heißt Phon. Bei 1.000 Hz gilt: 1 Phon = 1 dB. Das Hörfeld ($\rightarrow$ Abb. 14-2) bezeichnet den Bereich, in dem Frequenzen und Schalldrücke wahrgenommen werden können. Die untere Grenze liegt bei 20 Hz und 4 Phon (Hörschwelle), die obere Grenze bei 16–20 kHz und 130 Phon (Schmerzschwelle). Besonders die obere Grenzfrequenz ist stark altersabhängig (Presbyakusis).

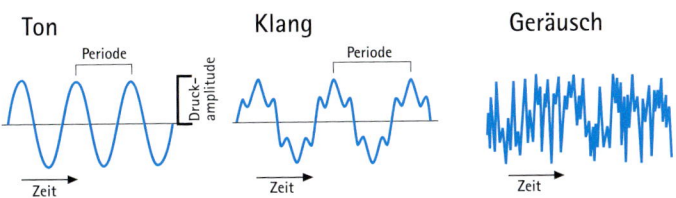

Abb. 14-1
Das Ohr nimmt Schallphänomene als Ton (reine Sinusschwingung), Klang (Sinusschwingung mit Obertönen) und Geräusch (keine Sinusschwingung) wahr.

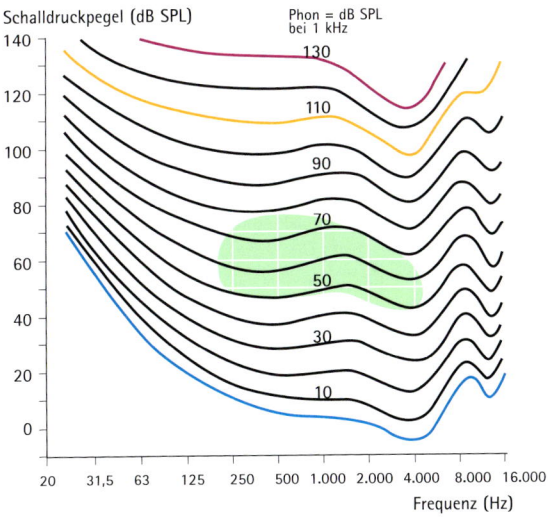

Abb. 14-2
Das Hörfeld beschreibt den Bereich der minimalen und maximalen Schalldruckpegel in Relation zur jeweiligen Frequenz. Linien gleicher Lautstärke werden als Isophone bezeichnet.

14

14.2 Funktion des Mittelohrs

Das Mittelohr dient vor allem der Umsetzung von Schallereignissen, die durch das äußere Ohr aufgenommen wurden, in Schalldrücke, die an das Innenohr weitergeleitet werden können (→ Abb. 14-3).

Die Luftleitung vom Trommelfell wird durch die Gehörknöchelchenkette auf die Perilymphe der Scala vestibuli übertragen. Hierbei kommt es beim Übergang von Luft in Flüssigkeit zu Reflexionen der Schallenergie aufgrund unterschiedlicher Schallwellenwiderstände (Impedanzen). Das Mittelohr passt die Impedanzen von Luft und Innenohr an. Diese „Impedanzwandlung" geschieht zum einen durch die große Fläche des Trommelfells im Vergleich zur kleinen Fläche des ovalen Fensters.

Es gilt: $p = F/A$

Daraus folgt: Wenn $F1 = F2$ (Kraft am Trommelfell = Kraft am ovalen Fenster) muss auch gelten $p_1 \cdot A_1 = p_2 \cdot A_2$ (Druck am Trommelfell • Trommelfellfläche = Druck am ovalen Fenster • Fläche des ovalen Fensters), d. h. p_2 ist sehr viel größer als p_1! Zusätzlich verstärken die Hebelarme der Gehörknöchelchen den Druck am ovalen Fenster.

Dadurch kann der Schalldruck am ovalen Fenster um etwa den Faktor 1,7 gesteigert werden. Außerdem sorgen die unterschiedlichen Hebelarme der Gehörknöchelchen für eine weitere Druckerhöhung um den Faktor 1,3. Dies führt zu einer Verbesserung um etwa 10–20 dB (d. h. Zunahme der Lautheit um Faktor 2–4!). Die Übertragungseigenschaften sind jedoch frequenzabhängig.

Die Knochenleitung des Schalls erfolgt durch direkte Schwingungen des Schädelknochens. Es gibt zwei Theorien zur Erklärung: Die **Kompressionstheorie** basiert auf einer direkten Verschiebung der Perilymphe. Die **Massenträgheitstheorie** beschreibt ein Zurückbleiben der Gehörknöchelchen, so dass es zu einer Relativbewegung zwischen Stapes und Innenohr kommt, die dadurch zu einer Kompression der Perilymphe führt.

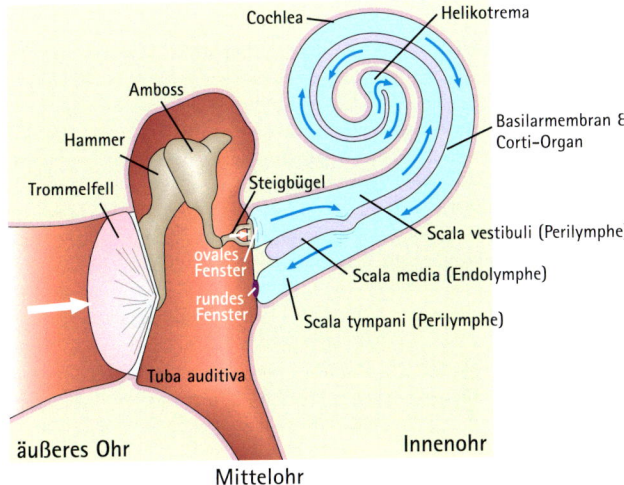

Abb. 14–3
Das Mittelohr überträgt durch Trommelfell und Gehörknöchelchenkette den Schalldruck auf das ovale Fenster. Die schwingende Perilymphe des Innenohrs bringt auch die Basilarmembran zum Schwingen. (Anm.: Das Bogengangsystem ist hier nicht dargestellt.)

14

14.3 Funktion des Innenohrs

Das Innenohr setzt die durch das Mittelohr fortgeleiteten Schwingungen in Auslenkungen der Basilarmembran um. Dadurch entstehen elektrische Signale im N. vestibulocochlearis (VIII). Die Basilarmembran ist spiralig gewunden und umfasst beim Menschen ca. 2,5 Windungen, aber z. B. bei der Katze vier Umgänge.

Der Schalldruck wird durch den Stapes an das ovale Fenster weitergegeben, so dass die Basilarmembran zu schwingen beginnt.

Die Wanderwellendispersionstheorie beschreibt das Auftreten von Schwingungen der Basilarmembran, die an bestimmten Stellen ein Amplitudenmaximum hat (→ Abb. 14-4).

Dieses Amplitudenmaximum kommt aufgrund der elastischen Eigenschaften der Basilarmembran sowie der Inkompressibilität der Endo- und Perilymphe zustande. Neben der Eigenfrequenz spielt auch die Abnahme der Steifheit der Basilarmembran in Richtung Helikotrema eine Rolle.

Der Begriff **Frequenzdispersion** beschreibt, dass jeder Frequenz ein bestimmter Ort auf der Basilarmembran zugeordnet werden kann (Ein-Ort-Theorie, Tonotopie). Je höher die Frequenz, desto näher liegt das Amplitudenmaximum am Stapes, je tiefer die Frequenz, desto näher am Helikotrema.

14.4 Zentrale Hörverarbeitung

Aufgrund der Depolarisation der Haarzellen kommt es zur Reizung von Nervenfasern des N. vestibulocochlearis (VIII) und zur Umsetzung des Schallreizes in Aktionspotenziale. Diese werden entlang der Hörbahn über die Hörnervenkerne geleitet, dort findet eine erste Verarbeitung im Erkennen von Frequenzmustern statt. In der nächsten Station, dem Nucleus olivaris superior kommt es zur Rauschunterdrückung und Kontrastierung durch laterale Hemmung sowie Intensitäts- und Laufzeitvergleichen aus ipsi- und kontralateralen Afferenzen. Durch den Colliculus inferior und das Corpus geniculatum mediale wird das Hörsignal entlang der Hörstrahlung zum auditorischen Kortex im Temporallappen geleitet, wo verschiedene Frequenzen tonotop dargestellt werden.

14.4.1 Richtungshören

Um den Ursprung einer Schallquelle zu orten, sind zwei Ohren notwendig (→ Abb. 14-5). Zur Unterscheidung von vorne und hinten ist die Form der Ohrmuschel besonders wichtig. Die eigentliche Geräuschortung geschieht durch Verrechnung von Laufzeitdifferenzen zwischen links und rechts (im Nucleus olivaris superior). Die minimale Schwelle, die gerade noch unterschieden werden kann beträgt ca. 10–30 µs.

Das Richtungshören spielt auch für das Sprachverständnis eine wichtige Rolle, indem die Aufmerksamkeit auf die Richtung der Schallquelle gelenkt wird und Störgeräusche ausgeblendet werden können.

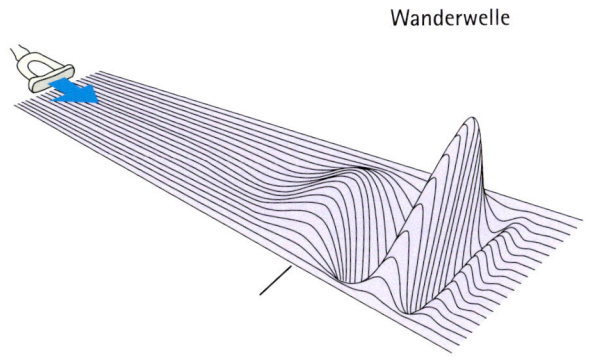

Wanderwelle

Abb. 14-4
Auf der Basilarmembran bilden sich durch Resonanzphänomene Wellenmaxima aus, die je nach Frequenz näher am ovalen Fenster (hohe Frequenzen) oder näher am Helikotrema (tiefe Frequenzen) liegen (Wanderwelle).

Richtungshören

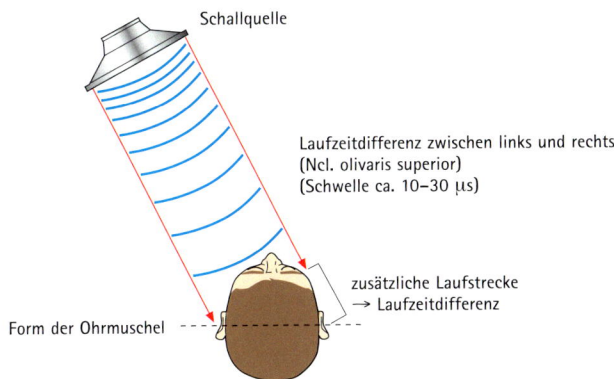

Schallquelle

Laufzeitdifferenz zwischen links und rechts
(Ncl. olivaris superior)
(Schwelle ca. 10–30 μs)

zusätzliche Laufstrecke
→ Laufzeitdifferenz

Form der Ohrmuschel

Abb. 14-5
Das Richtungshören beruht auf der Form der Ohrmuschel und auf Laufzeitdifferenzen zwischen linkem und rechtem Ohr, die im Nucleus olivaris superior gemessen werden.

14

14.5 Funktion des Corti'schen Organs

Das Corti'sche Organ enthält die Sinneszellen des Hörprozesses. Diese sind in zwei Gruppen angeordnet, den einreihigen inneren Haarzellen (Gesamtzahl ca. 3.500) und den dreireihigen äußeren Haarzellen (Gesamtzahl ca. 20.000). Zusammen mit den Stützzellen sitzen sie der Basilarmembran direkt auf. Die Tektorialmembran überdacht das Corti'sche Organ.

ℹ **Hinweis:** Die Reissner'sche Membran trennt die Perilymphe in der Scala vestibuli von der Endolymphe in der Scala media, die Basilarmembran trennt die Endolymphe in der Scala media von der Perilymphe in der Scala tympani (→ Abb. 14-6). Das Corti'sche Organ ist also vollständig in die Endolymphe eingetaucht.

14.5.1 Signaltransformation und Signaltransduktion

Die Zusammensetzung der Endolymphe unterscheidet sich von der Zusammensetzung der Perilymphe. Die Perilymphe ähnelt in ihrere Zusammensetzung dem Liquor cerebrospinalis, beide sind aber nicht identisch. Durch die unterschiedlichen Ionenzusammensetzungen besteht ein Potenzial (Spannungsdifferenz) zwischen Endo- und Perilymphe (→ Abb. 14-6).

Auf der Spitze der Haarzellen befinden sich v. a. **Stereozilien**, die durch so genannten „tip links" miteinander verbunden sind. Wird nun die Basilarmembran ausgelenkt, kommt es zu einer Relativverschiebung der Stereozilien („Abknicken") (→ Abb. 14-7) und zu einer Öffnung von Kaliumkanälen . Entsprechend dem Konzentrationsgradienten kann Kalium in die Haarzelle ein- strömen und das Membranpotenzial der Zelle verändern. Es entsteht ein Generator- oder Rezeptorpotenzial, das zur Reizstärke (d. h. zur Auslenkung) proportional ist.

Als **otoakustische Emissionen** bezeichnet man die Schallabgabe aus dem Innenohr. Verursacht werden sie durch die äußeren Haarzellen. Sie treten spontan auf oder werden durch Schallreize hervorgerufen. Otoakustische Emissionen kann man zur objektiven Hörprüfung einsetzen.
Im Gegensatz dazu bezeichnen Mikrophonpotenziale elektrische Potenzialschwankungen, die am runden Fenster ableitbar sind. Ihre Herkunft ist unklar, da sie aber mit den Transduktions- prozessen in der Cochlea korrelieren, kann man mit ihnen Rückschlüsse auf die Funktions- fähigkeit des Innenohrs ziehen.

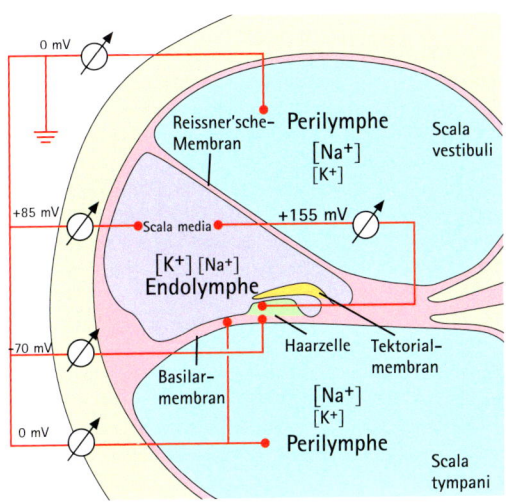

Abb. 14-6
Durch eine Ungleichverteilung der Ionen zwischen Endo- und Perilymphe bilden sich Potenziale zwischen den unterschiedlichen Kompartimenten des Innenohrs aus.

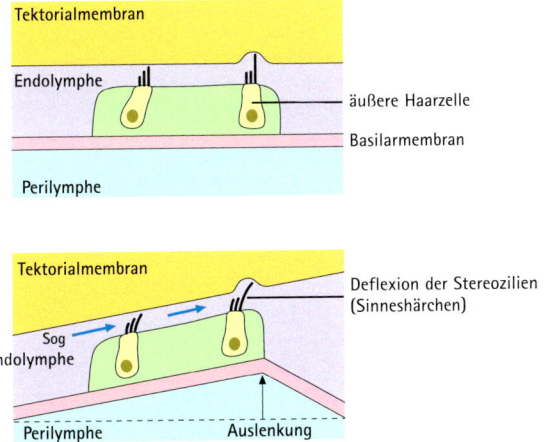

Abb. 14-7
Durch die Schwingung der Basilarmembran kommt es zur Auslenkung und zur Abscherung der Stereozilien der Haarzellen. Dadurch werden K⁺-Kanäle geöffnet.

14

14.6 Audiometrie

Neben der Sprachaudiometrie, die das Sprachverständnis testet, kann mit der Schwellenaudiometrie die Hörschwelle für einzelne Frequenzen bestimmt werden (→ Abb. 14-8). Dabei wird zunächst ein unterschwelliger Reiz angeboten und der Schalldruckpegel langsam erhöht, bis ein Ton gehört wird. Damit kann der Hörverlust gegenüber einem Normalwert quantifiziert werden. Außerdem kann man zwischen Knochen- und Luftleitung unterscheiden.

Objektive Verfahren nutzen die elektrische Aktivität der Hörbahn. So resultiert ein Ton, der durch das Innenohr aufgenommen und im N. vestibulocochlearis (VIII) fortgeleitet wird, in bestimmten elektrischen Potenzialen im Hirnstamm. Dort können sie von der Hautoberfläche abgeleitet werden (BERA), bevor sie höhere Zentren des Gehirns erreichen.

14.6.1 Arten der Schwerhörigkeit

▶ **Schallleitungsstörungen** (→ Abb. 14-8): durch eine Schädigung von äußerem Ohr oder Mittelohr, wie z. B. Entzündungen, kann der Schall nicht in vollem Umfang auf das intakte Innenohr übertragen werden. Es kommt zu einer Heraufsetzung der Hörschwelle durch die Luftleitung. Da die Schallempfindung jedoch nicht beeinträchtigt ist, bleibt die Schwelle für die Knochenleitung normal.

▶ **Schallempfindungsstörungen** (→ Abb. 14-9): Durch Schädigung des Corti'schen Organs kommt es zu einer Unterbrechung des Transduktionsprozesses oder der Neurotransmitterfreisetzung. Sie ist also eine Störung der Informationsübertragung im ZNS. Egal ob der Schall durch Knochen- oder Luftleitung ins Innenohr kommt, ist die Schwelle herabgesetzt.

▶ **Presbyakusis:** Diese Sonderform der Schallempfindungsstörung beruht auf einer meist lärmbedingten Schädigung der Haarzellen. Sie äußert sich in einer Abnahme der Schallempfindung besonders für hohe Frequenzen.

▶ **Retrocochleäre Schädigung:** Während Mittel- und Innenohr hierbei intakt sind, liegt der Schaden im ZNS (z. B. Hirntumor).

 Klinik: Zur Unterscheidung einer Schallleitungs- von einer Schallempfindungsstörung dienen folgende Stimmgabelversuche:

1. Stimmgabelversuch nach **Rinne:** Eine angeschlagene Stimmgabel wird auf den Processus mastoideus gesetzt und so lange dort gehalten, bis der Ton verklungen ist. Dann wird sie vor die Auricula gehalten. Jetzt sollte der Ton über die Luftleitung wieder hörbar sein (Rinne positiv), weil die Rezeptoren im Innenohr intakt sind. Die Luftleitung ist abhängig vom Mittelohr. Wird der Ton daher vor der Ohrmuschel nicht gehört, wohl aber über die Knochenleitung, handelt es sich um eine Schallleitungsstörung. Auch bei einer Innenohrschädigung ist der Rinne-Versuch negativ bzw. sind die Zeiten der Hörwahrnehmung verkürzt.

2. Stimmgabelversuch nach **Weber:** eine angeschlagene Stimmgabel wird auf den Scheitel aufgesetzt. Der Ton lateralisiert bei einer Schallleitungsstörung (Mittelohr) ins geschädigte Ohr. Dies beruht zum einen auf einer Adaptation auf niedrigere Geräuschpegel, zum anderen kann die Schallenergie nicht so schnell abfließen (Schallabflusstheorie nach Mach). Der Ton lateralisiert bei einer Schallempfindungsstörung (Innenohr) in das gesunde Ohr. Dies beruht auf einer schwächeren Reizung des Hörnervs durch einen Rezeptorschaden.

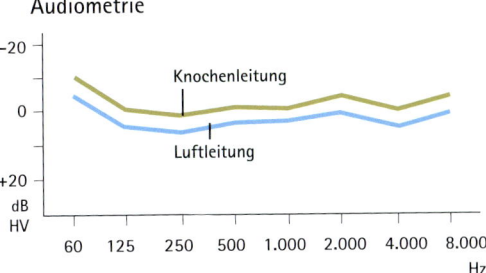

Audiometrie

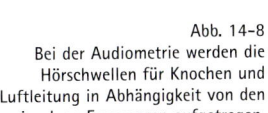

Abb. 14–8
Bei der Audiometrie werden die Hörschwellen für Knochen und Luftleitung in Abhängigkeit von den einzelnen Frequenzen aufgetragen.

Mittelohrschaden (z. B. Otosklerose, Mittelohrentzündung)

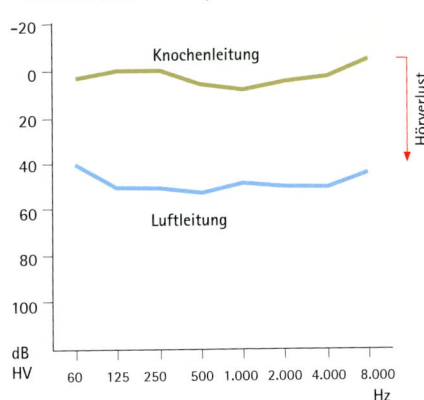

Abb. 14–9
Bei der Mittelohrschwerhörigkeit kommt es im Audiogramm zur Trennung zwischen Knochenleitung (erhalten) und Luftleitung (vermindert).

Innenohrschaden (z. B. Knalltrauma)

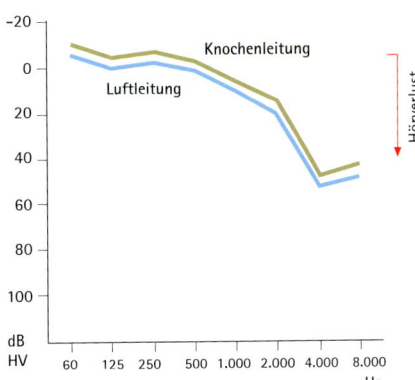

Abb. 14–10
Bei der Innenohrschwerhörigkeit fallen Knochen- und Luftleitung gleichsinnig besonders im Hochfrequenzbereich stark ab („Hochtonsenke").

15

15.1 Allgemeine Sinnesphysiologie

Für zielgerichtete Wechselwirkungen mit der Umwelt haben sich fünf Sinnessysteme entwickelt (→ Tab. 15-1).

Tab. 15-1 Die fünf Sinnessysteme

Sinn	lateinisches Adjektiv*	griechisches Adjektiv**	Beispiel für Störung
Sehen	visuell	optisch	Anopsie
Hören	auditiv	akustisch	Hypakusis
Riechen	olfaktorisch	osmisch	Hyperosmie
Tasten	taktil	haptisch	Anästhesie
Schmecken	gustatorisch	–	Ageusie

*Betrachtung geht meist vom Empfänger aus　　**Betrachtung geht meist vom Objekt aus

Ein für das Sinnessystem adäquater Reiz wird durch geeignete Sinnesrezeptoren aufgenommen, meist durch Veränderung des Membranpotenzials der Rezeptorzelle (Rezeptorpotenzial oder Generatorpotenzial). Dieser Vorgang heißt **Transduktion**. Die Stärke des Rezeptorpotenzials ist proportional zum Reiz (**analoge Kodierung**). Im nächsten Schritt wird das Rezeptorpotenzial in Aktionspotenziale umkodiert. Dieser Vorgang heißt **Transformation**. Die Frequenz der Aktionspotenziale entspricht nun der Stärke des Rezeptorpotenzials (**digitale Kodierung**). (→ Abb. 15-1, 15-2)

Diese Umwandlung von Reizstärke in Aktionspotenzialhäufigkeit dient vor allem dazu, dass wichtige Informationen nicht verloren gehen. Während die Stärke des elektrischen Rezeptorpotenzials mit der Entfernung abnimmt (physikalische Gesetze), können Aktionspotenziale über weite Distanzen ohne Informationsverlust transportiert werden.

! **Merke!** Ein adäquater Reiz ist ein für das Sinnessystem spezifischer Reiz, der die jeweiligen Sinnesrezeptoren (und nur diese) erregen kann. So erregt z. B. Licht der Wellenlänge 400–700 nm Photorezeptoren der Retina.

Die Information gelangt meist über mehrere Zwischenstationen (Ganglien oder Kerngebiete), in denen eine Verschaltung und Verarbeitung stattfindet, zur Großhirnrinde, die verschiedene Sinneseingänge integrieren und vergleichen kann.

Neben der Absolutstärke des Ausgangsreizes spielen auch Erwartungen und Erfahrungen (z. B. bei optischen Täuschungen) sowie der Bewusstseinszustand (z. B. Weckreiz im Schlaf) eine Rolle für Sinneseindruck und Wahrnehmung. Für die Messung dieser subjektiven Eindrücke (Psychophysik) wurden mehrere sinnesphysiologische Gesetze und Regeln entwickelt (Weber-Fechner-Gesetz und Stevens-Potenzfunktion).

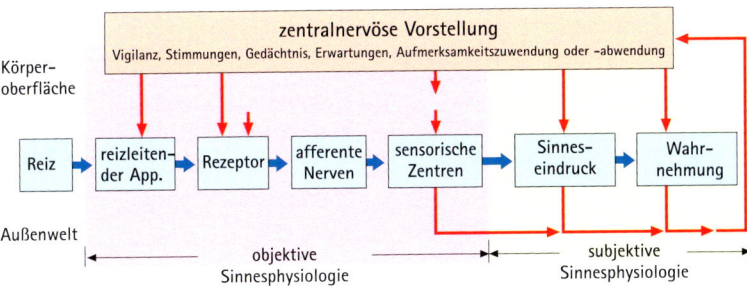

Abb. 15–1
Reize werden vom Nervensystem aufgenommen und verarbeitet. Das Zentrale Nervensystem integriert und moduliert dabei verschiedenste Reize nach Qualität und Quantität.

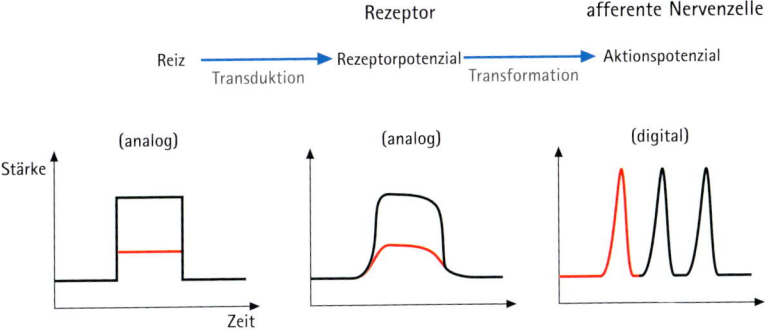

Abb. 15–2
Analog kodierte Reize werden zunächst in analog kodierte Rezeptorpotenziale umgesetzt (Transduktion). Anschließend erfolgt die Umkodierung der Reizstärke in die Frequenz der Aktionspotenziale (Transformation), die es ermöglicht, Informationen über lange Strecken sicher zu transportieren.

15

15.2 Geschmack

Geschmacksempfindungen werden durch spezialisierte Sinneszellen auf der Zunge vermittelt, in Geschmacksknospen gebündelt und durch die Hirnnerven VII, IX und X an das Gehirn weitergeleitet (→ Abb. 15-3). Bisher wurden fünf Geschmacksqualitäten identifiziert: süß, salzig, sauer, bitter und umami (Glutamat). Die Rezeptoren für die unterschiedlichen Geschmacksqualitäten sind am Zungenrand verteilt. Entgegen früherer Annahmen gibt es keine bevorzugten Regionen für die Geschmacksqualitäten sondern nur unterschiedliche Wahrnehmungsschwellen.

Die Konzentration des Geschmacksstoffes bestimmt die angenehme oder unangenehme Geschmacksempfindung. Zusammen mit dem Geruch der Nahrung und deren Konsistenz (Druckrezeptoren der Zunge) dient der Geschmackssinn der Kontrolle der Nahrungsaufnahme. Die Geschmackssinneszellen werden etwa alle zehn Tage neu gebildet, wobei die Spezifität der Sinneszelle erhalten bleibt.

Ähnlich dem Geruchssinn kann der Geschmackssinn sehr schnell und sehr stark adaptieren, wobei die Empfindlichkeit der Geschmacksknospen für einen Geschmacksstoff abnimmt. Eine gute Sensibilität besteht für Nährstoffe (z. B. Zucker), aber auch für gefährliche Substanzen (z. B. Gifte).

15.3 Geruch

Die Rezeptoren des Geruchssinns liegen in einem speziellen Areal des Nasendachs, der Regio olfactoria. Der Mensch besitzt 10 Millionen Geruchsrezeptoren, die etwa alle 60 Tage aus Basalzellen erneuert werden. Eine Sinneszelle ist für mehrere Duftstoffe empfindlich. Zur Unterscheidung von mehreren tausend Geruchsqualitäten dient das Reizspektrum bestimmter Rezeptorpopulationen, durch deren gemeinsame Erregung der Geruch im Gehirn „abgebildet" wird (→ Abb. 15-4). Der Geruchssinn dient der Nahrungsaufnahme und der Vermittlung von Emotionen.
Die Reizvermittlung erfolgt nach Bindung des Duftstoffes an seinen spezifischen Rezeptor über G-Protein-gekoppelte Signalkaskaden, die zu hyperpolarisierenden Ionenströmen führen.
Der Geruchssinn ist durch eine starke zentrale Konvergenz gekennzeichnet.

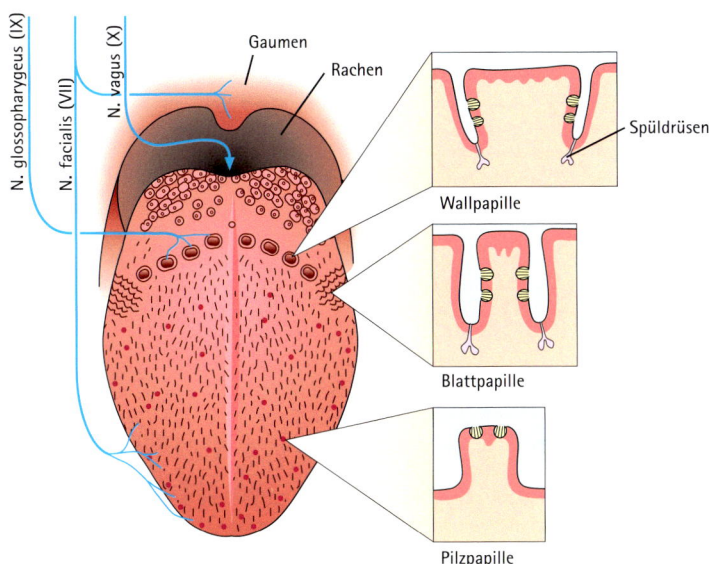

Abb, 15-3
Lage der Geschmackspapillen auf der Zunge. Eine frühere Zuordnung von Geschmacksqualitäten zum jeweiligen Ort auf der Zunge ist nicht mehr haltbar.

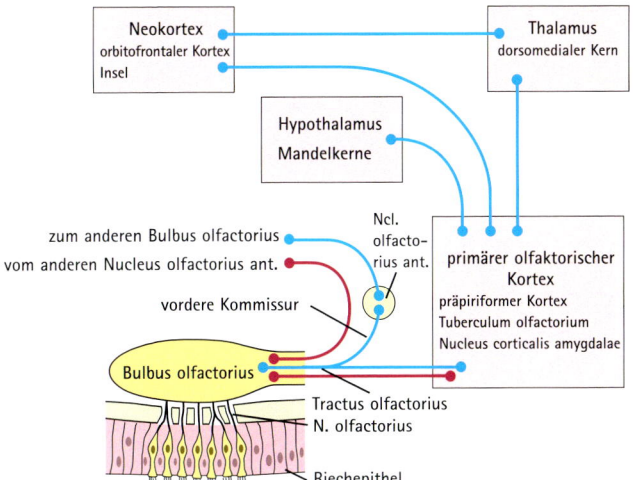

Abb, 15-4
Die zentrale Verarbeitung von Geruchsinformationen erfolgt in zahlreichen Regionen des Gehirns, die eng mit Regionen für Erinnerung und Empfindung in Beziehung stehen.

15

15.4 Somatoviszerale Sensibilität

15.4.1 Mechanorezeption

Die Mechanorezeption („Tastsinn") wird durch Sinneszellen für Druck, Berührung und Vibration in der Haut vermittelt (→ Abb. 15-5). Entsprechend ihres Entladungsmusters unterscheidet man:

- ▶ **Druck- bzw. Intensitätsrezeptoren** (Merkel-Tastscheiben und Ruffini-Körperchen): es handelt sich um Proportional-(P-)Rezeptoren, d. h. diese Rezeptoren adaptieren nur langsam, so dass ein länger dauernder Druckreiz zu konstant vielen Aktionspotenzialen führt.
- ▶ **Berührungs- bzw. Geschwindigkeitsrezeptoren** (Meissner-Körperchen und Haarfollikel-Rezeptoren): Es handelt sich um Differenzial-(D-)Rezeptoren, d. h. diese Rezeptoren adaptieren sehr schnell, so dass ein konstanter Druckreiz zu einer schnellen Abnahme der Zahl der Aktionspotenziale führt. Ein stetig ansteigender Reiz führt zu einer konstanten Aktionspotenzial-Frequenz.
- ▶ **Vibrations- bzw. Beschleunigungsrezeptoren** (Vater-Pacini-Körperchen): Es handelt sich um Differenzial-(D-)Rezeptoren, d. h. sie reagieren auch bei Reizzunahme mit rascher Adaptation. Nur bei gleichmäßiger Beschleunigung der Reizzunahme (oder -abnahme) zeigen sie eine konstante Aktionspotenzial-Frequenz.

Die Rezeptordichte und die zentrale Konvergenz sind an verschiedenen Stellen der Haut unterschiedlich stark ausgeprägt. Die **Raumschwelle** bezeichnet den Abstand, mit dem zwei Hautreize gerade noch getrennt wahrgenommen werden können. Dieses Auflösungsvermögen ist für gleichzeitige (simultane) oder nacheinander folgende (sukzessive) Reize verschieden. Ein sehr hohes Auflösungsvermögen besteht an der Zunge (1 mm), Fingerbeere (2 mm) und Lippe (4 mm), eine sehr niedrige Raumschwelle am Unterarm (40 mm) oder am Rücken (70 mm).

15.4.2 Schmerz (Nozizeption)

Die physiologische Aufgabe des akuten Schmerzes ist der Schutz des Gewebes und des Körpers vor (weiterer) Verletzung. Er ist also ein wichtiges Warnsignal. (Erst der chronische Schmerz, der sich „verselbständigt", hat Krankheitswert.)

Freie Nervenendigungen der Haut dienen als Schmerzrezeptoren. Sie zeigen nur eine geringe Adaptation. Schmerzfasern reagieren auf eine Vielzahl von Molekülen, wie z. B. H^+-Ionen, K^+-Ionen, 5-Hydroxytryptamin (5HT, Serotonin) und „Gewebshormone" wie Histamin, Bradykinin, Prostaglandine, Substanz P.

Schmerzfasern werden in C-Fasern zum Rückenmark geleitet und dort zur Gegenseite in aufsteigende Bahnen verschaltet.

 Klinik: Durch Verschaltung im Rückenmark kann ein **„übertragener Schmerz"** entstehen, z. B. der in den Arm und Rücken ausstrahlenden Schmerz beim Myokardinfarkt. Durch räumliche Nähe der Faserbahnen können dabei ganze Hautareale als typische Schmerzzonen für innere Organe eingegrenzt werden (**Head'sche Zonen**).

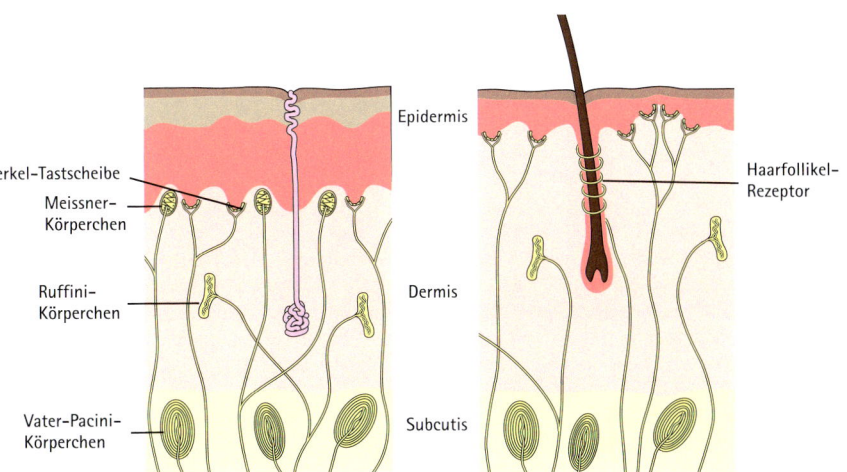

Epidermis

Merkel-Tastscheibe

Meissner-Körperchen

Haarfollikel-Rezeptor

Ruffini-Körperchen

Dermis

Vater-Pacini-Körperchen

Subcutis

Abb. 15-5
In der Haut liegen spezialisierte Sinneszellen für Druck und Intensität (Merkel-Scheiben, Ruffini-Körper-chen), Berührung und Geschwindigkeit (Meissner-Körperchen, Haarfollikel-Rezeptoren) und Vibration (Vater-Pacini-Körperchen).

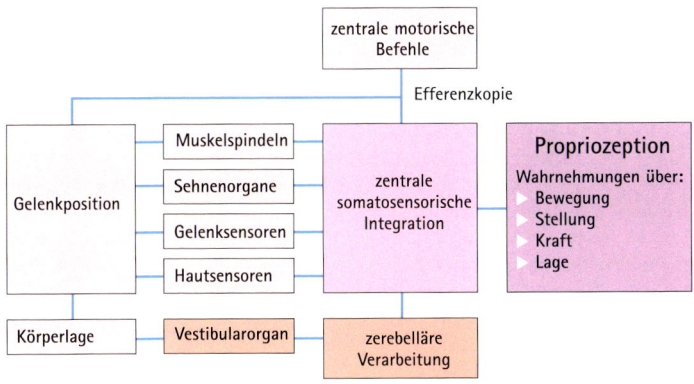

Abb. 15-6
Die Propriozeption vermittelt Informationen über die Lage des Körpers im Raum. Zahlreiche Sinneseingänge werden dazu integriert.

15

15.4.3 Propriozeption (Tiefensensibilität)

Mit der Propriozeption sollen Informationen der Stellung der Gelenke im Raum, die Bewegung des Körpers und die Muskelkraft gesammelt werden (→ Abb. 15-6, S. 179). Propriorezeptoren sind in Gelenken, Muskelspindeln, Sehnen und in der Haut zu finden. Zusätzlich werden im Gehirn Signale aus dem Gleichgewichtssystem, dem Kleinhirn und dem visuellen System integriert.

15.4.4 Temperatur

Freie Nervenendigungen stellen Warm- und Kaltrezeptoren in der Haut als Proportional-Differenzial-(PD-)Rezeptoren dar. Sie bilden also nicht nur die jeweilige Temperatur ab, sondern auch deren Veränderung. Eine Temperaturzunahme führt also zu einer Frequenzerhöhung der Aktionspotenziale in einer Warmfaser, bis ein neuer Wert mit konstanten Aktionspotenzial-Frequenzen erreicht ist. Kaltfasern reagieren genau umgekehrt.

Warm- und Kaltfasern werden in C-Fasern (Kaltfasern auch in Aδ-Fasern) zum Rückenmark geleitet und dort zur Gegenseite in aufsteigende Bahnen verschaltet.

15.4.5 Sensorische Verarbeitung im Gehirn

 Klinik: Bei der dissoziierten Halbseitenlähmung (Brown-Séquard-Syndrom, → Abb. 15-7) kommt es nach Durchtrennung des Rückenmarks ipsilateral zu einer motorischen Lähmung und einem Ausfall des Tastsinns (Fasern kreuzen **nicht** im Rückenmark), während kontralateral Schmerz und Thermosensibilität ausfallen (Fasern kreuzen im Rückenmark).

Die meisten Afferenzen der somatoviszeralen Sensibilität erreichen das Rückenmark über das Spinalganglion und die Hinterwurzel. Im Hinterhorn des Rückenmarks werden sie entweder in aufsteigende Faserbahnen zur Gegenseite verschaltet (Schmerz und Temperatur) oder in ipsilaterale aufsteigende Bahnen (Mechano- und Propriozeptoren).
Somatosensorische Afferenzen der Hirnnerven V, IX und X werden im Hirnstamm verschaltet.

Über mehrere Zwischenstationen erreicht die somato-viszero-sensible Information den Thalamus, der als Filter- und Umschaltstation die Signale moduliert. Über weitere Verschaltungen erreicht die Information den somatosensorischen Kortex, in dem die einzelnen Körperregionen flächenmäßig ihrer „Wichtigkeit" verzerrt repräsentiert sind (somatosensibler Homunkulus).

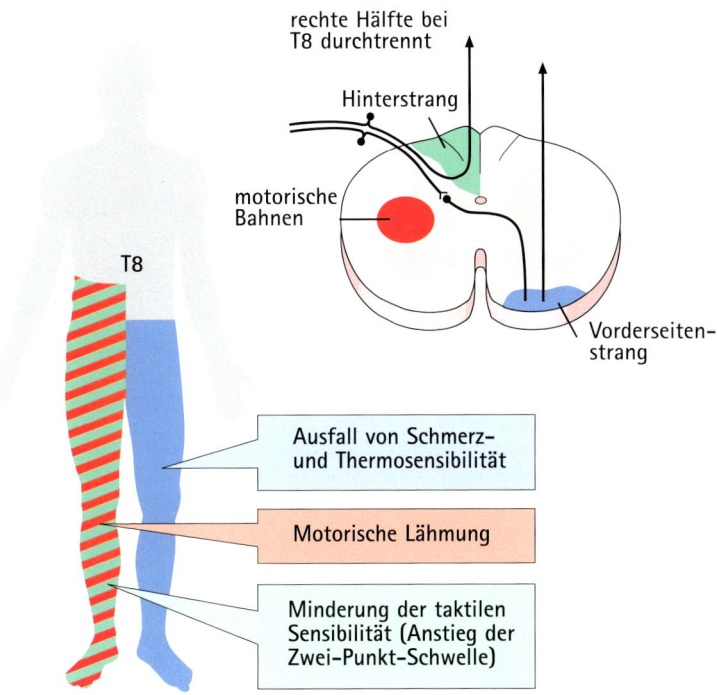

Abb. 15-7
Das Brown-Séquard-Syndrom beschreibt eine dissoziierte Empfindungsstörung nach einer Querschnitt-verletzung des Rückenmarks mit einem Ausfall von Motorik und taktiler Sensibilität auf der Seite der Verletzung und dem Ausfall von Schmerz- und Temperaturempfinden auf der kontralateralen Seite auf-grund der Verschaltung der Leitungsbahnen in den Rückenmarkssegmenten.

15

15.5 Gleichgewicht

Der Gleichgewichtssinn wird durch das Vestibularorgan des Innenohrs vermittelt. Die Sinnesrezeptoren befinden sich in den Maculaorganen (Statolithen mit Calciumkristalleinlagerungen, → Abb. 15-8) und den Bogengangsorganen (Cupulae ohne Kristalle, → Abb. 15-9).

Der adäquate Reiz der Gleichgewichtsrezeptoren besteht in der Scherung (Verbiegen) der Stereo- und Kinozilien. Die Rezeptoren haben eine hohe Ruheaktivität.
In den Maculaorganen rutscht die Otolithenmembran über das Sinnesepithel aufgrund der Gravitationswirkung auf die Calciumkristalle. Sie vermitteln die Information über die Stellung des Schädels im Raum.
In den Bogengangsorganen reagiert die Endolymphe vor allem auf Drehbeschleunigungen des Kopfes. Dies führt durch die Trägheit der Endolymphe zu einem Druckunterschied auf beiden Seiten der Cupula und damit zu deren Auslenkung. Die Bogengangsorgane vermitteln Informationen über räumliche Drehbeschleunigungen des Schädels.

Über den N. vestibulocochlearis (VIII) wird der Sinnesreiz in den Hirnstamm geleitet und mit Informationen aus Hals-Stellungs-Rezeptoren und somatosensorischen Afferenzen verglichen. Die Efferenzen führen zum Tractus vestibulospinalis, den Augenmuskelkernen, den auf der Gegenseite gelegenen Vestibulariskernen und anderen Kerngebieten in Thalamus und Hypothalamus. Damit dient das Gleichgewichtssystem vor allem dem aufrechten Stand und Gang und spielt eine zentrale Rolle für die Stützmotorik (→ Abb. 15-10).

15.5.1 Nystagmus

▶ **Vestibulärer Nystagmus:** In der Anfangsphase von Drehbewegungen werden die Augen gegen die Drehbewegung geführt, um die ursprüngliche Blickrichtung beizubehalten.
Ablauf: bevor die Augen ihren maximalen Bewegungsausschlag erreichen, erfolgt eine ruckartige Augenbewegung in Richtung der Bewegung, danach eine langsame Augenbewegung entgegen der Drehrichtung. Die Bezeichnung des Nystagmus erfolgt nach der schnellen Phase (z. B. Rechtsnystagmus: schnelle Bewegung nach rechts). Der vestibuläre Nystagmus kann auch durch einseitige Temperaturänderung im Gehörgang hervorgerufen werden (klinische Prüfung: kalorischer Nystagmus).
Eine Besonderheit des vestibulären Nystagmus ist der postrotatorische Nystagmus, bei dem es nach Abbremsen aus einer längeren Drehung (z. B. Drehstuhlversuch) zu einer Reizung der Bogengangsorgane kommt, wobei sich die Augen langsam in Drehrichtung bewegen und dann schnell entgegengesetzt (d. h. eine Rechtsdrehung führt zum Linksnystagmus).
▶ **Optokinetischer Nystagmus** (→ Abb. 15-11): dient dem Einstellen eines neuen Fixationspunktes durch ruckartige Augenbewegungen (z. B. beim Zugfahren).

✚ **Klinik: Kinetosen** (Bewegungskrankheiten) entstehen durch unterschiedliche Sinneseindrücke aus den verschiedenen Rezeptororganen der Stützmotorik und des Stellungssinns. Besonders die Diskrepanz zwischen Augen- und Vestibularorgan führt häufig zu Übelkeit und Erbrechen im Flugzeug oder auf See.

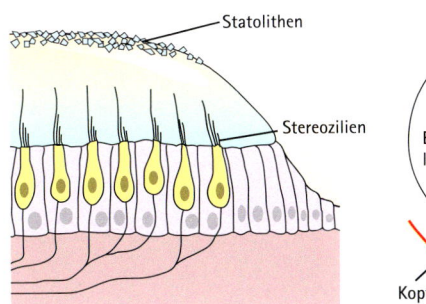

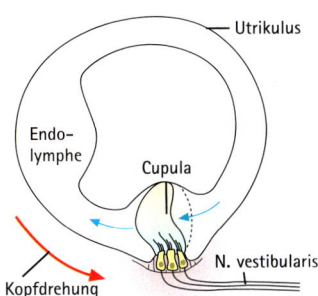

Abb. 15-8
Die Maculaorgane reagieren auf Beschleunigungs-
bewegungen des Kopfes durch die Trägheit der
Statolithen.

Abb. 15-9
Die Cupulaorgane der Bogengänge reagieren auf
Drehbeschleunigungen des Kopfes durch die Trägheit
der Endolymphe.

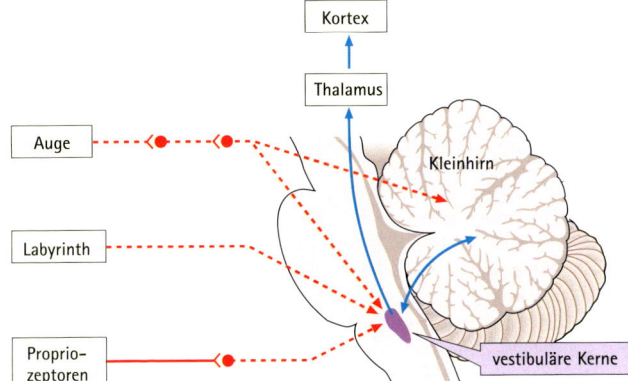

Abb. 15-10
Die vestibulären Kerne im Hirnstamm erhalten Eingänge aus dem visuellen System, den Gleichgewichts-
organen des Innenohrs und den Propriozeptoren, um Stellung und Bewegung des Körpers in der Umwelt
abzugleichen.

Abb. 15-11
Beim optokinetischen Nystagmus steht die Steilheit der langsamen Augenbewegung in direktem Verhältnis
zur Winkelgeschwindigkeit.

16

16.1 Übersicht integrative ZNS-Funktionen

Das zentrale Nervensystem (ZNS) dient der Integration von Informationen aus den einzelnen Sinnessystemen. Diese umfassen

▶ visuelles System
▶ auditorisches System
▶ vestibuläres System
▶ Mechanorezeption
▶ Schmerz-, Temperaturempfinden
▶ olfaktorisches System
▶ gustatorisches System
▶ sensomotorisches System
▶ limbisches System und Emotionen
▶ neuroendokrinologisches System
▶ Formatio reticularis und vegetative Steuerung
▶ animales und vegetatives Nervensystem
▶ Somatomotorik und Reflexe

16.2 Lernen, Plastizität und Gedächtnis

Beim Gedächtnis, d. h. der Fähigkeit, sich an erlebte oder gelernte Inhalte oder Situationen zu erinnern, unterscheidet man zwischen einem Kurzzeitgedächtnis und einem Langzeitgedächtnis. Das Kurzzeitgedächtnis deckt den Bereich von Sekunden bis Minuten ab. Erst durch Konsilidierung der Gedächtnisinhalte, z. B. durch Wiederholung, positive Verstärkung (Belohnung) oder negative Verstärkung (Strafe) werden die Gedächtnisinhalte im Langzeitgedächtnis fixiert. Bei dem Prozess der Übertragung vom Kurzzeit- ins Langzeitgedächtnis spielt der Hippokampus eine entscheidende Rolle. Das Langzeitgedächtnis bildet den Bereich von Minuten bis Jahren bzw. Jahrzehnten ab.

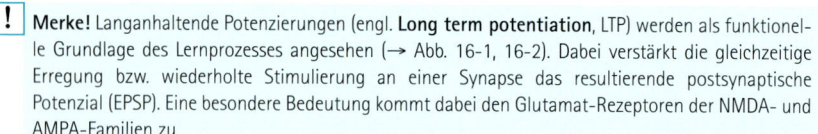 **Merke!** Langanhaltende Potenzierungen (engl. **Long term potentiation**, LTP) werden als funktionelle Grundlage des Lernprozesses angesehen (→ Abb. 16-1, 16-2). Dabei verstärkt die gleichzeitige Erregung bzw. wiederholte Stimulierung an einer Synapse das resultierende postsynaptische Potenzial (EPSP). Eine besondere Bedeutung kommt dabei den Glutamat-Rezeptoren der NMDA- und AMPA-Familien zu.

 Klinik:
▶ Eine zeitlich begrenzte Erinnerungslücke, die nach einer Bewusstseinsstörung auftritt, wird als **Amnesie** bezeichnet. Dabei unterscheidet man die retrograde Amnesie, bei der keine Erinnerung für die Zeit unmittelbar vor dem Ereignis, wie z. B. den Unfallhergang besteht, von der anterograden Amnesie, bei der die Erinnerungslücke nach wiedererlangtem Bewusstsein besteht.
▶ Im Gegensatz zur Amnesie bezeichnet die **Demenz** einen fortschreitenden Verlust der kognitiven Fähigkeiten. Ein typisches Beispiel ist die Alzheimer'sche Erkrankung.

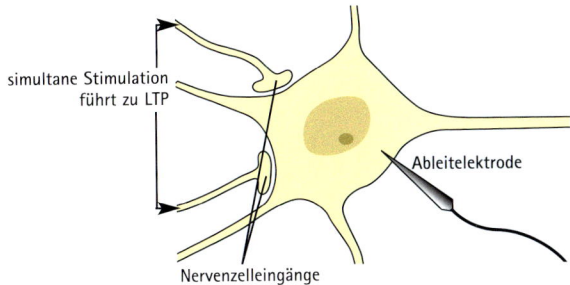

Abb. 16-1
Langzeitpotenzierung (LTP) kann z. B. durch simultane Erregung an zwei Nervenzelleingängen (Reizelektrode oder Dendriten) erzeugt werden. Bei der späteren Stimulation an nur einer Elektrode kann ein größeres Signal an der Ableitelektrode gemessen werden.

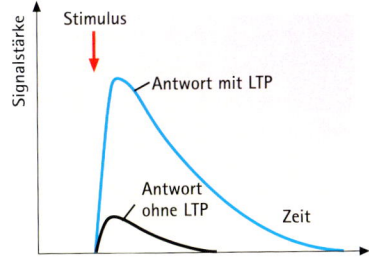

Abb. 16-2
Langzeitpotenzierung (LTP) bedeutet, dass eine Nervenfaser nach einem entsprechenden Stimulus (z. B. simultane Erregung an zwei Eingängen) mit entsprechend höheren Signalstärken antwortet. Die LTP spielt vor allem für Lernvorgänge eine Rolle.

16

16.3 Elektroenzephalogramm (EEG)

Potenzialschwankungen, die auf der elektrischen Aktivität der Hirnrinde beruhen, können durch Elektroden vom Schädeldach abgeleitet werden (→ Abb. 16-3). Man unterscheidet bipolare Ableitungen, bei denen das Potenzial zwischen zwei Elektroden am Schädel verglichen wird, von unipolaren Ableitungen, bei denen das Potenzial einer Elektrode am Schädel mit einer Referenzelektrode (meist am Ohrläppchen) verglichen wird.
Die klinische Aufzeichnung eines EEG erfolgt mit Ableitungen an definierten Stellen des Schädels (→ Abb. 16-4).

Das EEG wird nach Frequenz, Amplitude, Gestalt, Verteilungsmuster und der Häufigkeit von Potenzialschwankungen in den einzelnen Ableitungen ausgewertet (→ Abb. 16-5).

Tab. 16-1 Typische EEG-Wellen (→ Abb. 16-5)

Wellentyp	Amplitude	Frequenz (Hz)	durchschnittl. Frequenz (Hz)	Beispiel für Auftreten
α	mittel	8–13	10	„synchronisiert": in Ruhe, Augen geschlossen
β	klein	14–30	20	desynchron: bei Außenreiz, Emotion, geistiger Tätigkeit
ϑ	groß	4–7	6	Schlaf
δ	sehr groß	0,3–3,5	3	Schlaf

! **Merke!** Eine zunehmende Desynchronisation des EEG reflektiert ein höheres Aktivitätsniveau. Desynchronisation bedeutet in diesem Zusammenhang kleinere Amplitude und größere Frequenz. Typisches Beispiel ist der α-Grundrhythmus bei entspanntem Sitzen mit geschlossenen Augen und der Desynchronisation in einen β-Rhythmus beim Augenöffnen.

✚ **Klinik:** In der klinischen Anwendung wird das EEG vor allem zur Diagnose epileptischer Anfälle eingesetzt. Dabei kommt es zum Auftreten von Krampfwellen („spikes and waves", → Abb. 16-6). Ein epileptischer Anfall ist gekennzeichnet durch synchrone Entladungen vieler Neurone.
Hinweis: ein einzelner epileptischer Anfall ist noch keine Epilepsie.
Aber auch Entzündungen, Stoffwechselstörungen und der Reifungsgrad des Gehirns können mit dem EEG untersucht werden. Zudem dient es in der Schlafforschung dem Erkennen der Schlafstadien (→ S. 188). Außerdem ist das Nulllinien-EEG Bestandteil der Hirntod-Diagnostik.

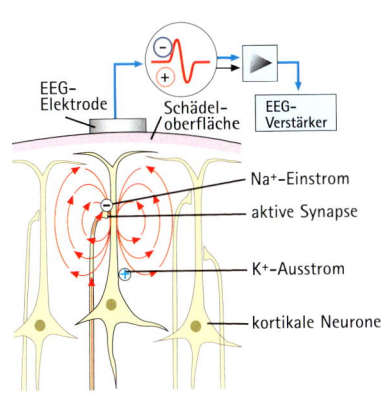

Abb. 16-3
Das EEG-Signal stellt ein Summenpotenzial der
elektrischen Aktivität von Nervenzellen der
Hirnrinde dar.

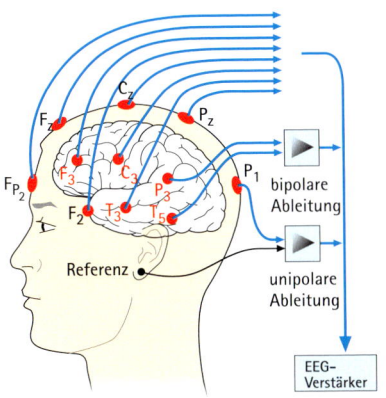

Abb. 16-4
Lage der EEG-Ableitelektroden auf dem Schädeldach.

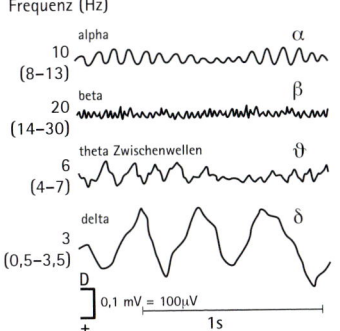

Abb. 16-5
Das normale EEG zeigt in Abhängigkeit vom
Aktivitätszustand vier Grundrhythmen, die nach
Amplitude und Frequenz definiert werden können.

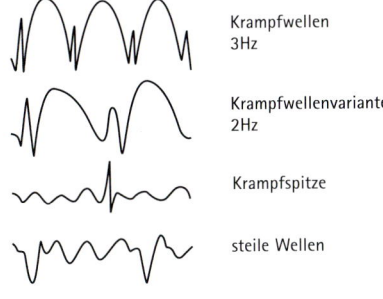

Abb. 16-6
Das pathologische EEG beim Krampfanfall zeigt
„spikes and waves", Spitzen und Wellen, die die
synchrone Aktivität der kortikalen Neurone wieder-
spiegeln.

16

16.4 Schlaf und Schlafstadien

Tab. 16–2 Die klassische Einteilung von Schlafzuständen (→ Abb. 16-8)

Stadium	Zustand	EEG
	entspanntes Wachsein	α-Grundrhythmus
I	Einschlafen	α, flache ϑ
II	Leichtschlaf	δ, Schlafspindeln
III	Mittelschlaf	δ, K-Komplexe
IV	Tiefschlaf	δ

Im Verlauf der Schlafdauer kommt es zu mehreren Perioden, die durch schnelle Augenbewegungen, Anstieg von Herz- und Atemfrequenz und eine Erschlaffung der Skelettmuskulatur gekennzeichnet sind (REM-Schlaf, engl. rapid eye movement). Diese Schlafphase wird auch als **paradoxer** oder desynchronisierter Schlaf bezeichnet, weil sein EEG dem Einschlaf-EEG entspricht, jedoch ein Tiefschlafweckreiz nötig ist. Der REM-Schlaf wird außerdem mit Traumaktivität in Verbindung gebracht. Im Gegensatz dazu werden alle anderen Schlafphasen als N-REM (non-REM) oder synchronisierter Schlaf zusammengefasst (→ Abb. 16-7).

16.5 Bewusstsein

Bewusstsein ist ein Begriff, der, neben der philosophischen Ebene, die Integration von Sinneseindrücken und Gedächtnisleistungen beschreibt. So müssen z. B. optische Eindrücke wie etwa das Abbild einer Vase im visuellen Kortex mit dem dafür vorgesehenen Wort und der Funktion aus anderen kortikalen Zentren kombiniert werden.

> **!** **Merke!** Kommissurenfasern verbinden korrespondierende Hirngebiete zwischen rechter und linker Hemisphäre. Durchtrennung z. B. des Balkens („Split-Brain-Syndrom") kann zu erheblichen Bewusstseins- und Persönlichkeitsstörungen führen.

Beide Hemisphären zeigen eine funktionelle Differenzierung und Asymmetrie. (Früher sprach man von „Hemisphären-Dominanz", heute geht man aber mehr von einem dynamischen und plastischen System aus.)

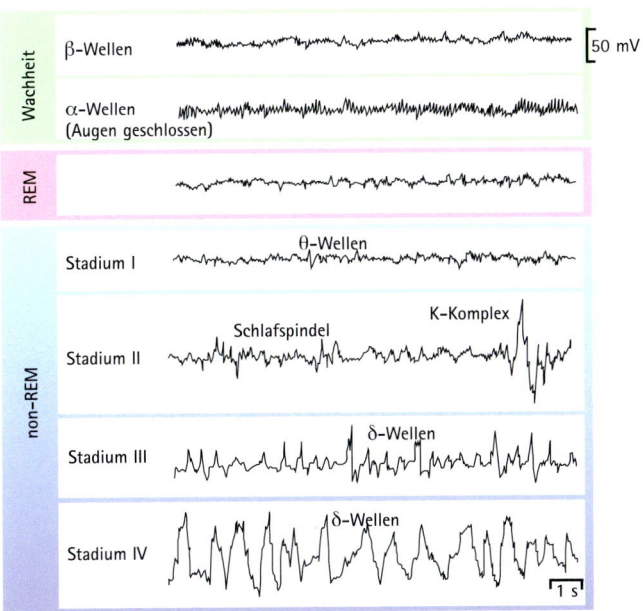

Abb. 16-7
Mit zunehmender Schlaftiefe ändert sich das EEG-Bild und es treten die schlafspezifischen Wellentypen auf. Das Gehirn ruht also nicht im Schlaf, sondern zeigt veränderte Aktivitätsmuster.

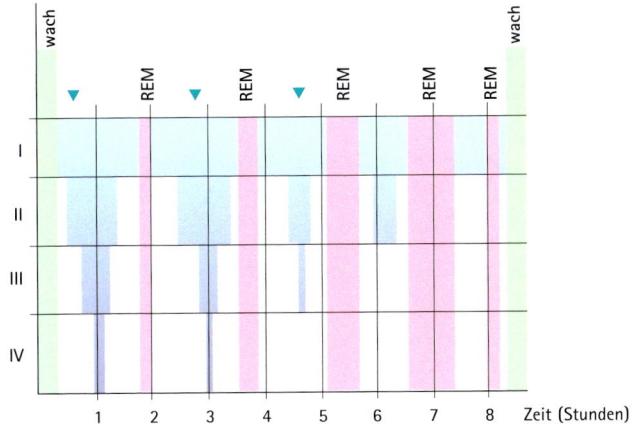

Abb. 16-8
Im Laufe einer Nacht werden die verschiedenen Schlafstadien periodisch durchlaufen, wobei die Schlaftiefe gegen Morgen abnimmt und die Dauer der REM-Phasen verlängert ist.

16

16.6 Evozierte Potenziale

Die gezielte Reizung von Nerven oder Sinnesrezeptoren führt zur Aktivität in den abhängigen, nachgeschalteten Arealen des Gehirns. Deren elektrische Aktivität kann durch Elektroden vom Kopf abgeleitet werden.

Typische evozierte Potenziale mit klinischer Relevanz umfassen
- visuell evozierte Potenziale (VEP) (→ Abb. 16-9, 16-10),
- akustisch evozierte Potenziale (AEP) und
- somatosensibel evozierte Potenziale (SEP).

> **i** **Hinweis:** Da das normale EEG oft als „Rauschen" überlagert ist, mittelt man die Antworten auf wiederholte Einzelreize („Averaging"). Die nicht synchrone EEG-Aktivität lässt sich dadurch unterdrücken.

Evozierte Potenziale eignen sich besonders gut, um objektive Informationen über die Leistungen eines Sinnessystems zu erhalten. Die Probanden bzw. Patienten müssen nichts „tun", sie können die Untersuchungsergebnisse auch nicht subjektiv beeinflussen. Dies ist besonders im Hinblick auf ärztliche Gutachten wichtig, z. B. Rentengutachten bei berufsbedingter Ertaubung.

16.7 Visuell evozierte Potenziale (VEP)

Über dem visuellen Kortex kann auf einen Standardreiz hin (Schachbrettmuster, wobei schwarze und weiße Felder regelmäßig wechseln) eine elektrische Aktivität als Reizantwort abgeleitet werden (→ Abb. 16-10). Pathologische Prozesse in der Sehbahn, z. B. durch Tumoren oder Entzündungen (Multiple Sklerose) können die Reiz-Reaktionszeit (Latenz) verlängern.

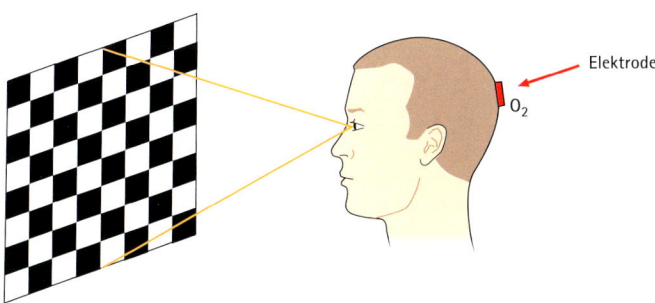

Abb. 16-9
Visuell evozierte Potenziale werden durch ein Schachbrettmuster erzeugt, in dem schwarze und weiße Felder im Sekundenrhythmus wechseln. Sie werden im okzipitalen Kortex abgeleitet.

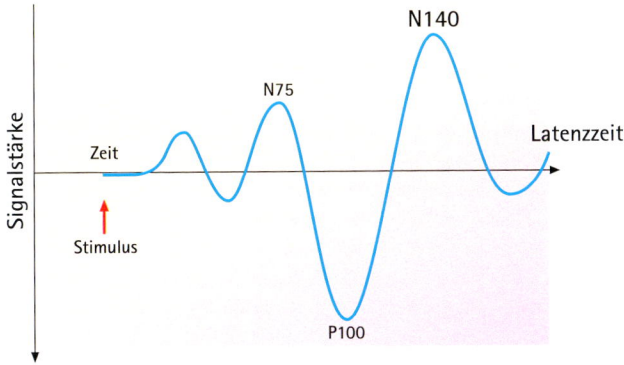

Abb. 16-10
Durch Mitteln („Averaging") der Potenzialverläufe vieler Messungen entstehen charakteristische Hüllkurven der evozierten Potenziale (hier: visuell evozierte Potenziale mit negativen Potenzialen nach 75 ms (N75) und 140 ms (N140) und positiven Potenzialen nach 100 ms (P100) Latenzzeit.

16

16.7 Stimme und Sprache

Die Stimmbildung (Phonation) bezeichnet Vorgänge im Kehlkopf, die als physikalische Grundlage eine Oszillation der Stimmbänder haben. Die Artikulation dagegen spielt sich im Mund-Rachenraum ab, die physikalische Grundlage bildet hierbei eine Resonanz der Hohlräume (Ansatzrohr als Luftsäule zwischen Glottis und den Lippen). Zur Artikulation gehört auch die Bildung von Vokalen und Konsonanten.

Die zentrale Steuerung des Sprechens ist komplex und umfasst Zentren zur Koordination zahlreicher Muskeln und der Sprache, u. a. die Broca-Region und die Wernicke-Region(→ Abb. 16-11).

 Klinik: Störungen dieser Zentren führen zu Aphasien, wobei zwischen Störungen der Sprachproduktion („motorische Aphasie", Broca-Zentrum) und des Sprachverständnisses („sensorische" Aphasie, Wernicke-Zentrum) unterschieden wird. Eine Schädigung der Innervation der Muskulatur führt zu Dysarthrien.

16.8 Motivation und Emotion

Beim Menschen sind zahlreiche Hirnteile an den komplexen Verhaltensmustern für Antrieb und Emotion beteiligt. Ein zentraler Teil ist das **limbische System,** das unter der Kontrolle des frontalen Kortex (Stirnhirn) steht. Neben dem Bewusstmachen von Antrieb und Emotion modulieren diese Areale auch die Empfindung von Reizen. Frontokortikale Areale kontrollieren auch das Triebverhalten wie z. B. kulturbedingte Selbstbeherrschung.

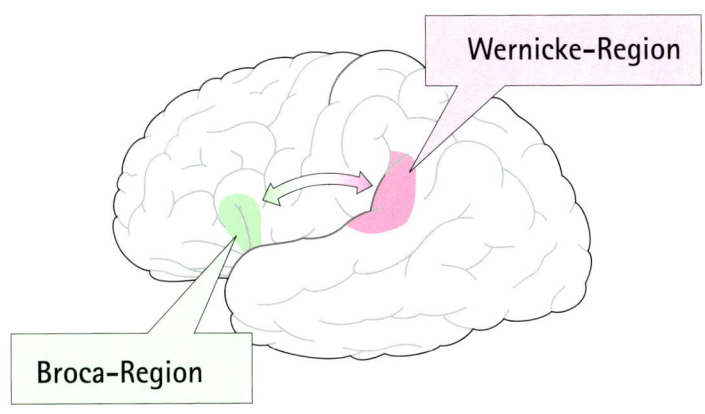

Abb. 16-11
Störungen der Broca-Region führen zu verminderter Sprachproduktion („motorische" Aphasie), während der Ausfall der Wernicke-Region mit mangelhaftem Sprachverständnis („sensorische" Aphasie) verbunden ist.

Griechisches Alphabet

Alpha	A	α		Ny	N	ν
Beta	B	β		Xi	Ξ	ξ
Gamma	Γ	γ		Omikron	O	o
Delta	Δ	δ		Pi	Π	π
Epsilon	E	ε		Rho	P	ρ
Zeta	Z	ζ		Sigma	Σ	σ, ς
Eta	H	η		Tau	T	τ
Theta	Θ	ϑ		Ypsilon	Y	υ
Jota	I	ι		Phi	Φ	ϕ
Kappa	K	κ		Chi	X	χ
Lambda	Λ	λ		Psi	Ψ	ψ
My	M	μ		Omega	Ω	ω

Einheiten und SI-Einheiten

Größen bestehen immer aus eine Maßzahl und einer Einheit:
[Größe] = Maßzahl • Einheit

Internationale Abkommen und Gesetze bestimmen die folgenden SI-Einheiten (Système internationale d'Unités) als Basiseinheiten:

[Länge]	= 1 m (Meter)		[Temperatur]	= 1 K (Kelvin)
[Masse]	= 1 kg (Kilogramm)		[Stoffmenge]	= 1 mol (Mol)
[Zeit]	= 1 s (Sekunde)		[Lichtstärke]	= 1 cd (Candela)
[Stromstärke]	= 1 A (Ampere)			

Diese Basiseinheiten sind voneinander unabhängig und genau definiert.
Von den Basiseinheiten sind alle anderen Einheiten abgeleitet:

[Kraft]	= 1 N	= 1 m kg/s^2 (Newton)	[Energie]	= 1 J	= 1 N • m (Joule)
[Druck]	= 1 Pa	= 1 N/m^2 (Pascal)	[Leistung]	= 1 W	= 1 J • s (Watt)

Stoffmenge und Konzentration

[Menge] = 1 mol	= $6{,}023 \cdot 10^{23}$ Teilchen
Konzentration	= Menge/Volumen
1 M („molar")	= 1 mol/1 l

Frage: Wie ist Wasser konzentriert?
Antwort: 1 mol H_2O entspricht 18 g
1 l H_2O wiegt 1 kg, das entspricht 55,56 mol, d. h. H_2O ist 55,56 M

Osmolarität

1 osmol entspricht 1 mol gelöster osmotisch wirksamer Teilchen
osmotischer Druck: 1 osmol entspricht 22,4 atm = 22,4 • 760 mmHg

Unterscheide: Osmolalität: je Kilogramm Lösemittel
                     Osmolarität: je Liter Lösemittel

Vorsätze zur Angabe von Zehnerpotenzen

Um sehr große oder sehr kleine Maßzahlen zu schreiben, können folgende Vorsilben vor die jeweilige Einheit
geschrieben werden

Exa	E	10^{18}	1.000.000.000.000.000.000
Peta	P	10^{15}	1.000.000.000.000.000
Tera	T	10^{12}	1.000.000.000.000
Giga	G	10^{9}	1.000.000.000
Mega	M	10^{6}	1.000.000
Kilo	k	10^{3}	1.000
Hekto	h	10^{2}	100
Deka	da	10^{1}	10

Dezi	d	10^{-1}	0,1
Zenti	c	10^{-2}	0,01
Milli	m	10^{-3}	0,001
Mikro	µ	10^{-6}	0,000.001
Nano	n	10^{-9}	0,000.000.001
Piko	p	10^{-12}	0,000.000.000.001
Femto	f	10^{-15}	0,000.000.000.000.001
Atto	a	10^{-18}	0,000.000.000.000.000001

Logarithmengesetze

Warum Logarithmen? → Sie bilden große Wertebereiche auf kleiner(er) Skala ab.
Rechengesetze:
$lg\ x^a = a\ lg\ x$
$lg\ (x • y) = lg\ x + lg\ y$
$lg\ (x/y) = lg\ x - lg\ y$

„natürlicher" Logarithmus $ln\ x$ → Basis $e = 2{,}71828183...$

Literatur

Deutschsprachige Standardlehrbücher der Physiologie

Speckmann, E-J, Hescheler, J, Köhling, R (Hrsg.): Physiologie. 5. Aufl. Urban & Fischer, München 2008

Klinke, R, Pape, H-C, Kurtz, A: Lehrbuch der Physiologie. 6. Aufl. Thieme, Stuttgart 2009

Schmidt, R F, Lang, F, Heckmann, M (Hrsg.): Physiologie des Menschen mit Pathophysiologie. 31. Aufl. Springer, Berlin 2011

Deutschsprachige „kombinierte" Lehrbücher (Anatomie/Biochemie/Physiologie)

Schmidt, R F, Unsicker, K (Hrsg.): Lehrbuch Vorklinik. Deutscher Ärzte-Verlag, Köln 2003

Thews, G, Vaupel, P, Mutschler, E: Anatomie, Physiologie, Pathophysiologie des Menschen. 6. Aufl. Wissenschaftl. Verlagsges., Stuttgart 2007

Englischsprachige Standardlehrbücher der Physiologie

Boron, W F, Boulpaep, E L: Medical physiology a cellular and molecular approach. 2. ed. Elsevier Saunders, Philadelphia 2008

Ganong, W F: Review of medical physiology. 23nd. Lange Medical Books, New York 2009

Guyton, A C, Hall, J E: Textbook of medical physiology. 12th. Elsevier Saunders, Philadelphia 2010

Kurzlehrbücher, Kompendien und Prüfungsliteratur

Golenhofen, K: Basislehrbuch Physiologie Lehrbuch, Kompendium, Fragen und Antworten. 4. Aufl. Urban & Fischer, München 2006

Golenhofen, K: Physiologie mit 246 Lerntexten und 100 Tipps für die mündliche Prüfung. 19. Aufl. Thieme, Stuttgart 2006

Guyton, A C, Hall, J E: Pocket companion to textbook of medical physiology. 11th. Saunders, Philadelphia 2006

Hick, C, Hick, A: Intensivkurs Physiologie. 6. Aufl. Urban & Fischer, Heidelberg 2009

Silbernagl, S, Despopoulos, A: Taschenatlas der Physiologie. 6. Aufl. Thieme, Stuttgart 2003

Silbernagl, S, Lang, F: Taschenatlas der Pathophysiologie. 3. Aufl. Thieme, Stuttgart 2009

Steinhausen, M, Gulbins, E, Alzheimer, C: Medizinische Physiologie. 5. Aufl. ecomed Medizin, Landsberg 2003

Interessante weiterführende Literatur aus anderen Fachgebieten

Kolb, B, Whishaw, I Q: Neuropsychologie. Spektrum Akademischer Verlag, Heidelberg 1996

Interessante Links

Kap. 3.4.2: Ausführliche Informationen zur Interpretation des EKGs findet man z. B. unter http://www.anaesthetist.com/icu/organs/heart/ecg/Findex.htm

Kap. 3.7: Unter http://www.bioscience.org/atlases/heart/sound/sound.htm können Sie sich physiologische Herztöne und pathologische Geräusche anhören.

Kap. 13.11.2: Unter http://www.e-learning.studmed.unibe.ch/ findet sich ein Lehrfilm, der zeigt, wie Ophthalmoskopie richtig gemacht wird.

Kap. 13.15: Unter http://www.michaelbach.de/ot/ und unter http://www.sinnesphysiologie.de können Sie einige „optische Täuschungen" und deren Erklärungen finden.

Bildquellennachweis

Alzheimer; 2003: 2-3, S. 25; Brown, Lemay, Bursten; 1995: 7-13, S. 107; Ganong; 2005: 9-4, S. 119; Gebert; 2005: 7-4, S. 95; 7-5, S. 97; 7-9, S. 103; George, JCI 115: 1990–1999; 2005: 1-14, S. 19; Guyton, Hall; 2006: 4-11, S. 63; 4-15, S. 65; Katz; 1971: 1-13, S. 19; 12-7, S. 145; Klinke, Pape, Silbernagl; 2005: 1-7 – 1-10, S. 15; 5-3, S. 83; 5-6 – 5-8, S. 77; 5-9, 5-10, S. 79; 5-11, S. 81; 6-4, S. 89; 6-5, 6-6; S. 91; 7-1, S. 93; 7-2, S. 95; 7-7, S. 99; 7-10, S. 103; 7-12, S. 105; 7-15, S. 109; 8-1, S. 111; 8-2, S. 113; 9-1, S. 115; 9-2, S. 117; 10-8, S. 129; 10-12, S. 133; 13-1, S. 147; 13-8, S. 153; 13-9, S. 155; 14-3, S. 167; 15-1, S. 175; 15-3, 15-4, S. 177; 15-5, S. 179; 16-3, 16-4, S. 187; 16-7, 16-8, S. 189; 16-9, S. 191; Klinke, Silbernagl; 1997: 1-6, S. 13; 1-11, S. 17; 2-9, S. 33; 2-10, S. 35; 3-2, S. 39; 3-3, 3-4, S. 41; 6-3, S. 89; 10-6, S. 127; 10-9 – 10-11, S. 131; 12-1, S. 141; 12-5, 12-6, S. 143; 14-1, 14-2, S. 165; 14-8 – 14-10, S. 173; Kolster; 2003: 10-3, S. 125; 10-5, S. 127; Kolster, Voll; 2003: 11-3, S. 137; 11-4, S. 139; Lehmanns PowerCards EKG; 2004: 3-5 – 3-8, S. 43; Maurer; 2006: 1-5, S 11; 1-12, S. 17; 2-2, S. 23; 2-6, S. 27; 4-4, S. 57; 4-7, S. 59; 4-18, S. 67; 4-19, S. 69; 4-21, S. 71; 6-1, S. 85; 6-2, S. 87; 7-6, S. 99; 13-2, 13-3, S. 147; 13-15, 13-16, S. 161; 13-17, S. 163; 15-2, S. 175; 16-1, 16-2, S. 185; 16-10, S. 191; 9-3, S. 119; Morton, Fontaine, Hudak, Gallo; 2005: 3-10,3-11, S. 45; Netter; 1989: 10-1, S. 123; Northern Comprehensive Thalassaemia Center, Oakland, CA, USA; 2005: 2-7, S. 27; Rutte, Sturm; 2003: 5-3, S. 75; Schenck, Gürber; 1929: 10-7, S. 129; Schmidt-Schönbein; 1980: 2-1, S. 23; Schmidt, Lang, Thews; 2005: 2-4, 2-5, S. 25; 2-12, S. 37; 3-13, S. 47; 3-14, S. 49; 3-16, S. 51; 5-1, 5-2, S. 73; 5-4, 5-5, S. 75; 5-9, S. 79; 5-12, S. 83; 10-4, S. 125; 15-7, S. 181; 15-11, S. 183; 16-5, 16-6, S. 187; Schmidt, Thews; 1993: 2-11, S. 35; Schmidt, Thews; 1994: 3-12, S. 47; Schmidt, Thews; 1997: 1-1, S. 7; 1-4, S.9; 2-8, S. 29; 3-1, S. 39; 3-9, S. 45; 3-15, S. 51; 4-1, 4-2, S. 55; 4-3, S. 57; 4-5, 4-6, S. 59; 4-8 – 4-10, S. 61; 4-12 – 4-14, S. 63; 7-3, S. 95; 7-11, S. 105; 11-1, S. 135; 12-3, 12-4, S. 143; 12-8, S. 145; 13-6, 13-7, S. 151; 13-11, 13-12, S. 157; 13-13, 13-14, S. 159; 13-18, S. 163; 14-4, 14-5, S. 169, 14-6, 14-7, S. 171; 15-6, S. 179; 15-8 – 15-10, S. 183; Silbernagl, Despopoulos; 2003: 13-4, S. 149; 13-10, S. 155; 9-5, S. 121; Silbernagl, Lang; 1998: 1-15, S. 21; 10-2, S. 123; 13-5, S. 149; Stewart; 1981: 7-14, S. 107; Thurau; 1989: 3-17, S. 53, 4-16, S. 65, 4-17, S. 67; 4-20, S. 69; Warden, Diwan, Molecular Biochemistry. Rensselar Polytechnic Inst., Troy, NJ, USA; 2006: 1-2, 1-3, S.7; Warich, Cunnings; 2001: 7-8, S. 101; WHO: 2-13, S. 37; Zilles, Rehkämper; 1998: 12-2, S. 141